“十四五”职业教育规划教材

物联网无线通信技术

主　编◎姚政来　陈信访　冯志勇

副主编◎首善良　赖　兰　黄秀玉

参　编◎黄家植　蒲瑞才　杨常秀　唐　健　黄丽明

中国铁道出版社有限公司
CHINA RAILWAY PUBLISHING HOUSE CO., LTD.

内 容 简 介

本书以无线通信技术为核心，针对物联网无线通信技术开发与设计需要，结合大量实例，系统介绍了物联网无线通信技术的基本概念、原理、设计原则与实训方法。本书采用单元式、实训细化教学，每个单元下设置实训，从基础知识、系统设计到综合应用，分多个层次，深入浅出地为读者传道解惑，拨开物联网的多重迷雾，正确引领读者步入物联网新世界。

本书分为5个单元：单元1介绍物联网无线传感网的概念、分类与运用；单元2～单元4分别介绍以ZigBee、BLE、Wi-Fi为核心的系统设计原理认知、硬件依赖、工具使用、程序分析以及实际系统案例设计；单元5介绍智云物联开发平台的框架原理、配置与软硬件接入。

本书适合作为职业院校、技工院校物联网专业等相关专业学生进行物联网系统设计和课程设计的教材，也可作为物联网技术相关研究人员、企事业单位相关专业人员进行物联网工作的参考资料。

图书在版编目（CIP）数据

物联网无线通信技术 / 姚政来，陈信访，冯志勇主编 .—北京：中国铁道出版社有限公司，2021.9（2024.7 重印）

“十四五”职业教育规划教材

ISBN 978-7-113-27942-4

Ⅰ.①物… Ⅱ.①姚…②陈…③冯… Ⅲ.①物联网－无线电通信－职业教育－教材 Ⅳ.①TP393.4 ②TP18 ③TN92

中国版本图书馆 CIP 数据核字 (2021) 第 084018 号

书　　名：物联网无线通信技术
作　　者：姚政来　陈信访　冯志勇

策　　划：何红艳　　　　编辑部电话：（010）63560043
责任编辑：何红艳　绳　超
封面设计：崔丽芳
责任校对：孙　玫
责任印制：樊启鹏

出版发行：中国铁道出版社有限公司（100054，北京市西城区右安门西街8号）
网　　址：https://www.tdpress.com/51eds/
印　　刷：三河市航远印刷有限公司
版　　次：2021年9月第1版　2024年7月第2次印刷
开　　本：787 mm×1 092 mm　1/16　印张：9.75　字数：241千
书　　号：ISBN 978-7-113-27942-4
定　　价：32.00元

前言

物联网实现了在任何时间、任何地点，人与人、物与物、人与物之间的互联互通。物联网的核心是解决信息世界与物理世界的互联互通，并借此给人类的生活、生产方式带来更加智能与便捷的变化。物联网已历经十余年的发展期，尤其是近几年，物联网的发展动能不断丰富，市场潜力获得产业界普遍认可，发展速度不断加快，技术和应用创新层出不穷，物联网高速发展已成必然之势。物联网被明确定位为我国新型基础设施的重要组成部分，成为支撑数字经济发展的关键基础设施。

根据中国信息通信研究院《物联网白皮书（2020年）》内容所述，“物联网全球连接数持续上升，产业物联网将后来居上。物联网领域仍具备巨大的发展空间，据GSMA发布的2020年移动经济报告显示，2019年全球物联网总连接数达到120亿，预计到2025年，全球物联网总连接数规模将达到246亿，年复合增长率高达21.4%。我国物联网连接数全球占比高达30%，2019年我国的物联网连接数36.3亿，其中移动物联网连接数占比较大，已从2018年的6.71亿增长到2019年年底的10.3亿。到2025年，预计我国物联网连接数将达到80.1亿，年复合增长率14.1%。截止到2020年，我国物联网产业规模突破1.7万亿元，十三五期间物联网总体产业规模保持20%的年均增长率。”由此可见，全球物联网仍保持高速增长，物联网发展势不可挡，已然成为主流新技术，国人重视度极高。可以预见，经过未来十年的发展，社会、企业、政府、城市及生活方方面面的运行管理都将离不开物联网。

物联网形式多样，技术涉及面广，涵盖的内容横跨多个学科，如何系统学习物联网成了一个难题。本书以单元式、实训细化教学为基础，物联网无线通信技术为学习重点，注重读者综合能力的培养，内容精益求精，实操理论一体，细化操作步骤，可进一步提升学生动手实践能力，培养出物联网复合型专业人才。单元式、实训细化教学是一个极好的人才培养方法，实训教学工作是教育体系的重要环节，匹配专业的教材和教学载体则成为该环节的必备基础。

本书特色有：

（1）注重基础。本书通过理论的讲解与单元化实训的形式，让读者更容易理解物联网无线通信技术的概念与核心，为后续系统设计打下坚实的基础。

（2）理论知识和实践结合。每个实训都涵盖需要理解掌握的理论知识，并对该理论知识精心设计出动手实践步骤，让读者根据步骤做出相应的项目。以理论知识促进实践的完成，在实践中结合理论知识，在实践中检验理论知识。边学习理论知识边开发，快速深刻掌握物联网无线通信技术。

（3）单元实训式系统案例开发。采取单元实训式教学，实训中细化系统开发设计，每个实训包含对应案例开发，单元实训项目由浅入深，通俗易懂，理实一体化，让读者快速入门，提升物联网无线通信技术案例开发能力。

本书由姚政来、陈信访、冯志勇任主编，首善良、赖兰、黄秀玉任副主编，黄家植、蒲瑞才、杨常秀、唐健、黄丽明参与编写。

本书的出版得到了广东诚飞智能科技有限公司相关人员和中国铁道出版社有限公司编辑的帮助与支持，在此表示衷心感谢。

本书涉及的综合知识面广，限于时间及编者的水平和经验，书中难免存在疏漏之处，恳请专家和读者批评指正。

编　者

2021 年 6 月

目 录

单元 1

认知物联网无线传感网

实训　物联网无线传感网基础认知

一、相关知识

无线传感器网络（Wireless Sensor Networks，WSN）简称“无线传感网”，是由部署在监测区域内的大量微型传感器节点组成的，是采用无线通信的方式形成的一个多跳自组织网络系统，能够通过集成化的微型传感器，协同地实时监测、感知、采集和处理网络覆盖区域中各种感知对象的信息，并对信息资料进行处理，再通过无线通信方式发送，并以自组多跳网络方式传送给信息用户，以此实现数据收集、目标跟踪以及报警监控等各种功能。

在物联网发展的大背景下，无线传感网由于其固有的特性和优点成为物联网感知物体信息、获取信息来源的首选。为了实现对多种物联网无线传感网使用环境的覆盖，本书涉及了三种短距传感网以满足不同环境下的网络特性使用需求。这几种网络分别为 ZigBee、BLE、Wi-Fi。这几种网络使用性质各有不同，使用场景也各不相同。

二、实训目标

（1）了解无线传感网的基本知识，了解 ZigBee、BLE、Wi-Fi 无线传感网技术及相关实训平台和芯片。

（2）安装部署 ZigBee、BLE、Wi-Fi 三种实训平台的开发环境和工具。

（3）掌握实训平台出厂程序固化、网络参数修改和综合项目体验。

三、实训环境

实训环境包括硬件环境、操作系统、实训器材、实训配件，见表 1.1.1。

表 1.1.1　实训环境

项　目	具体信息
硬件环境	PC、Pentium 处理器、双核 2 GHz 以上、内存 4 GB 以上

续表

项目	具体信息
操作系统	Windows 7 64 位及以上操作系统
实训器材	nLab 未来实训平台：LiteB 节点（ZigBee、BLE、Wi-Fi 三种类型）、Sensor-A/B/C 传感器、智能网关
实训配件	SmartRF04EB 仿真器、USB 线、12 V 电源

四、实训步骤

1. 安装软件开发环境

物联网无线通信技术包含 ZigBee、BLE、Wi-Fi 三种网络，分别采用 CC2530、CC2540、CC3200 处理器，所需要的软件开发环境见表 1.1.2。

表 1.1.2　软件开发环境

网络类型	开发环境	工具一	工具二	工具三
ZigBee	IAR For 8051、SmartRFProgram	ZTools（数据调试）	SensorMonitor（网络）	PackageSniffer（抓包）
BLE	IAR For 8051、SmartRFProgram	BTools（数据调试）	BLEDeviceMonitor（网络）	PackageSniffer（抓包）
Wi-Fi	IAR For ARM、uniflash	TCP&UDP 工具（调试）	—	—
企业调试工具		xLabTools、ZCloudTools、ZCloudWebTools（以上网络均可调试）		

1）ZigBee CC2530 开发工具

IAR For 8051：软件开发环境，安装包位于 DISK-Packages\01- 单片机与传感器\IAR EW8051[①]，如图 1.1.1 所示。

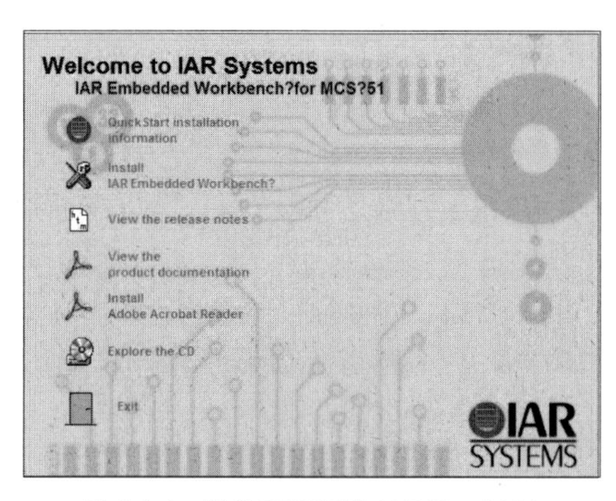

图 1.1.1　软件开发环境 IAR For 8051

SmartRFProgram：刷机工具，安装包位于 DISK-Packages\01- 单片机与传感器\SmartRF Tools，如图 1.1.2 所示。

① 类似资料可登录 http://www.tdpress.com/51eds/ 网站获取。

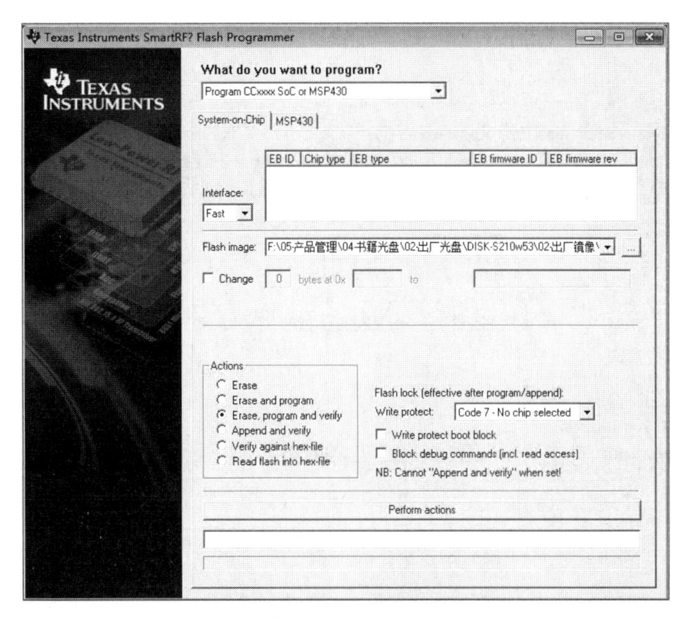

图 1.1.2　刷机工具 SmartRFProgram

其他工具：安装包位于 DISK-Packages\07-物联网无线通信\CC2530 ZigBee。

2）BLE CC2540 开发工具

IAR For 8051/SmartRFProgram 与 ZigBee 工具一致。

其他工具：安装包位于 DISK-Packages\07- 物联网无线通信\CC2540 BLE。

3）Wi-Fi CC3200 开发工具

IAR For ARM：软件开发环境，安装包位于 DISK-Packages\02-嵌入式接口技术\IAR EWARM。

Uniflash：CC3200 刷机工具，安装包位于 DISK-Packages\07-物联网无线通信\CC3200 Wi-Fi，如图 1.1.3 所示。

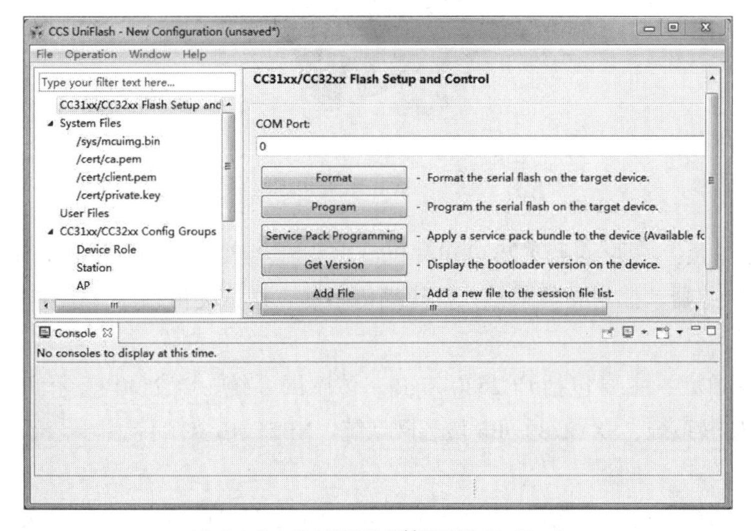

图 1.1.3　CC3200 刷机工具 Uniflash

TCP&UDP 工具：安装包位于 DISK-Packages\51-常用编程工具\调试助手\PortHelper.exe，如图 1.1.4 所示。

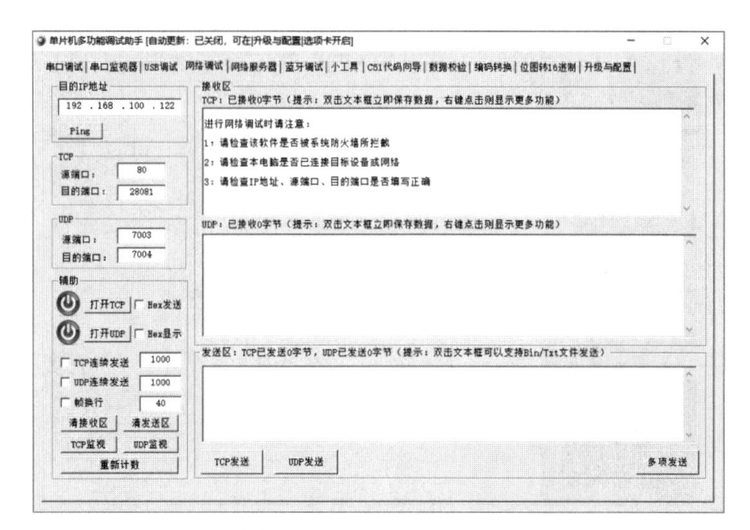

图 1.1.4　TCP&UDP 工具

除了以上工具，其他工具无须安装，实训中具体使用时再详细介绍。

2. 认识 nLab 未来实训平台

nLab 未来实训平台是本书的推荐实训平台，主要由感知层单元、传感网单元、智能网关单元构成。

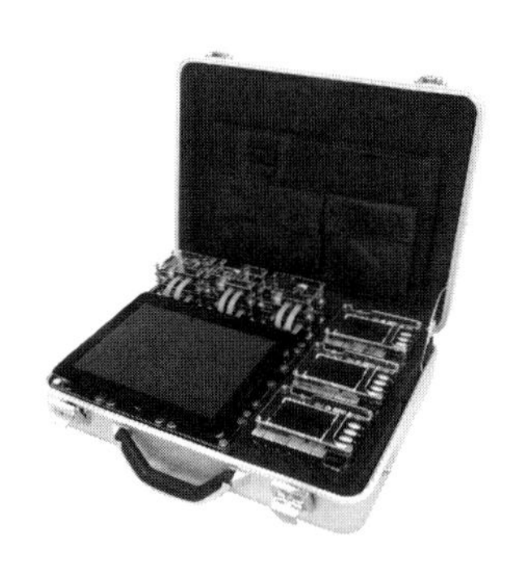

图 1.1.5　nLab 未来实训平台

（1）感知层单元：主要包括 CC2530 单片机最小系统、STM32F407/STM32F103 ARM 嵌入式最小系统、采集类传感器、控制类传感器、安防类传感器、显示类传感器、识别类传感器、创意类传感器等。

（2）传感网单元：主要包括 CC2530 ZigBee 传感网系统、CC2540 蓝牙 BLE 传感网系统、CC3200 Wi-Fi 传感网系统、SX1278 LoRa 传感网系统、NB71 NB-IOT 传感网系统、EC20 4G LTE 传感网系统等。

（3）智能网关单元：主要包括 Cortex-A9/Cortex-A53 Android 智能网关（三星 S5P4418/S5P6818 处理器）。外设包括 3G/4G、GPS/BDS、Wi-Fi、蓝牙、摄像头、NFC。

单击读取卡号。主要硬件见表 1.1.3。

表 1.1.3 主要硬件

感知层单元	采集类 控制类 安防类 射频类 位置类 创意类
传感网单元	ZigBee BLE Wi-Fi LoRa LTE NB-IOT
智能网关单元	LTE 4G 北斗 GPS 摄像头 陀螺仪 / 加速度 / 地磁 NFC

本实训需要熟悉认知各个硬件单元：

（1）阅读《产品手册 -nLab》（可登录 http://www.tdpress.com/51eds/ 网站获取）第 1~5 章内容详细了解实训设备。

（2）查阅实训设备资料：DISK-xLabBase\01- 硬件资料。

3. 镜像固化及参数修改

阅读《产品手册 -nLab》第 5~7 章内容，掌握实训设备的出厂镜像固化和网络参数修改。

（1）进行设备连接与跳线设置。

（2）进行网关、ZigBee 节点/ZigBee 协调器、BLE 节点、Wi-Fi 节点的镜像固化。

（3）进行 ZigBee、BLE、Wi-Fi 节点网络参数的修改（保障不同实训设备之间的网络信息不串扰）。以 ZigBee 网络为例，修改 PANID 和 CHANNEL 号。通过 xLabTools 工具修改节点 PANID 和 CHANNEL 号，建议按表 1.1.4 进行修改，修改完成后观察组网情况。

表 1.1.4 节点 PANID 和 CHANNEL 号

组　号	CHANNEL 号	PANID	组　号	CHANNEL 号	PANID
1	11	2010	11	13	2110
2	11	2020	12	13	2120
3	11	2030	13	13	2130
4	11	2040	14	13	2140
5	11	2050	15	13	2150
6	12	2060	16	14	2160
7	12	2070	17	14	2170
8	12	2080	18	14	2180
9	12	2090	19	14	2190
10	12	2100	20	14	2200

4．项目演示和体验

一个典型的物联网包括感知层、传感层、网关层、平台层、应用层，如图 1.1.6 所示。

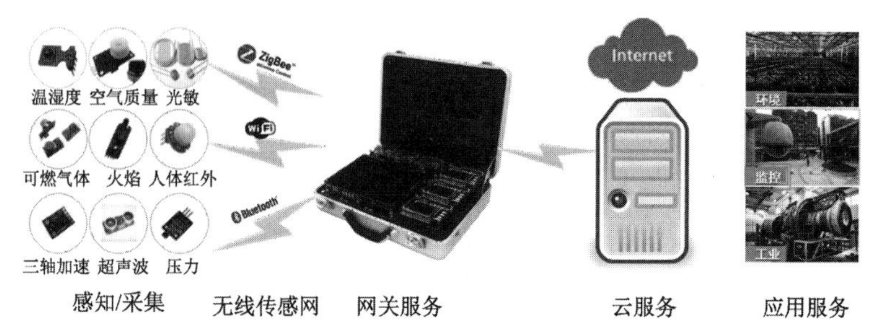

图 1.1.6 物联网构成

以 ZigBee 传感网应用为例，通过以下步骤进行项目演示和认知：

（1）阅读《产品手册–nLab》第 8章和第9.2 节内容对网关进行配置。

（2）阅读《产品手册–nLab》第 9.4 节内容构建项目并通过 xLabDemo 综合应用进行演示体验。

五、实训拓展

（1）查找物联网智能家居应用的文章或视频。

（2）结合实训设备，画出智能家居应用场景的架构示意图。

六、注意事项

（1）程序固化时，如果发生错误，可以尝试按下 SmartRF 上的复位按键或者尝试重新插拔。

（2）ZigBee 协调器与节点的网络（CHANNEL/PANID）参数要一致。

（3）在智云服务配置工具中，配置无线接入设置时，在选中状态不能对选中的配置进行更改。

七、实训评价

过程质量管理见表 1.1.5。

表 1.1.5 过程质量管理

姓名			组名	
评分项目		分值	得分	组内管理人
通用部分（40 分）	团队合作能力	10		
	实训完成情况	10		
	功能实现展示	10		
	解决问题能力	10		
专业能力（60 分）	设备连接与操作	20		
	无线节点程序的烧录与固化	25		
	实训现象的记录与描述	15		
过程质量得分				

单元 2

ZigBee 无线传感网系统设计

实训 1　ZigBee 无线传感网认知

一、相关知识

ZigBee 是基于 IEEE 802.15.4 标准的低功耗局域网协议，是一种便宜的、低功耗的近距离无线组网通信技术。ZigBee 技术的设计目标是保证在低耗电的前提下，开发一种易部署、低复杂度、低成本、短距离、低速率的自组织无线网络，在智慧农业、工业控制、家庭智能化、无线传感网等领域有广泛的应用前景。

ZigBee 作为一种短距离、低功耗、低数据传输速率的无线网络技术，它是介于无线标记技术和蓝牙之间的技术方案，在传感器网络等领域应用非常广泛，这得益于它强大的组网能力，可以形成星状、树状和网状三种 ZigBee 网络。

二、实训目标

（1）掌握 ZigBee 组网过程。

（2）了解 ZigBee 网络参数的作用。

（3）掌握 ZigBee 网络工具的使用。

（4）设计农业物联网工作场景。

三、实训环境

实训环境包括硬件环境、操作系统、开发环境、实训器材、实训配件，见表 2.1.1。

表 2.1.1　实训环境

项　目	具体信息
硬件环境	PC、Pentium 处理器、双核 2 GHz 以上、内存 4 GB 以上
操作系统	Windows 7 64 位及以上操作系统
开发环境	IAR For 8051 集成开发环境

续表

项　　目	具 体 信 息
实训器材	nLab 未来实训平台：3×LiteB 节点（ZigBee）、Sensor-A/B/C 传感器、智能网关、无线汇集节点（SinkNodeBee）
实训配件	SmartRF04EB 仿真器、USB 线、12 V 电源

四、实训步骤

1. 认识 ZigBee 硬件平台

（1）准备智能网关、三个 ZXBeeLiteB 节点、Sensor-A/B/C 传感器。

经典型无线节点 ZXBeeLiteB。ZXBeeLiteB 经典型无线节点采用无线模组作为 MCU 主控，板载信号指示灯（包括电源指示灯、电池指示灯、网络指示灯、数据指示灯），两路功能按键，板载集成锂电池接口，集成电源管理芯片，支持电池的充电管理和电量测量；板载 USB 串口，Ti 仿真器接口，ARM 仿真器接口；集成两路 RJ-45 工业接口，提供主芯片 P0_0~P0_7 输出，硬件包含 IO、ADC3.3V、ADC5V、UART、RS-485、两路继电器等功能，提供两路 3.3 V、5 V、12 V 电源输出，如图 2.1.1 所示。

图 2.1.1　经典型无线节点 ZXBeeLiteB

智能网关和 Sensor-A/B/C 传感器介绍参见附录 A。

（2）阅读《产品手册-nLab》第 5 章内容，设置跳线并连接设备。

ZXBeeLiteB 节点跳线方式，如图 2.1.2 所示。

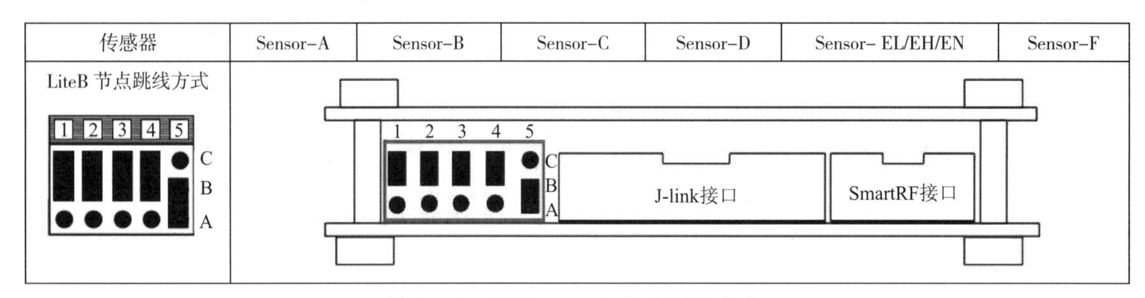

图 2.1.2　ZXBeeLiteB 节点跳线方式

采集类传感器（Sensor-A）：无跳线。

控制类传感器（Sensor-B）：硬件上步进电动机和 RGB 灯复用，风扇和蜂鸣器复用。出厂默认选择步进电动机和风扇，则跳线按照丝印上说明，设置为⑧和⑦选通，如图 2.1.3 所示。

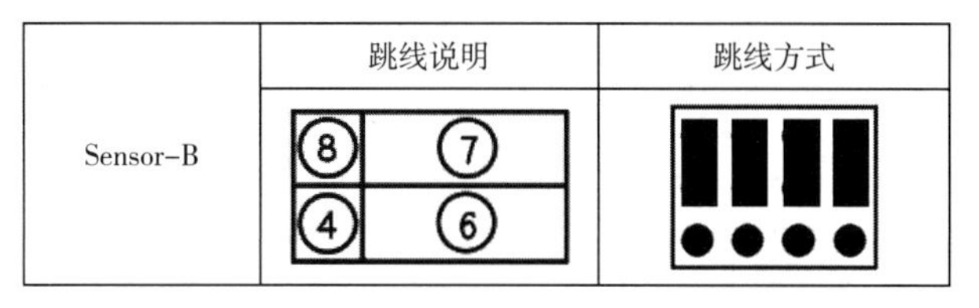

图 2.1.3　控制类传感器（Sensor-B）跳线

安防类传感器（Sensor-C）：硬件上人体红外和触摸复用，火焰、霍尔、振动和语音合成复用，出厂默认选择人体红外和火焰、霍尔、振动，则跳线按照丝印上说明，设置为⑦、⑨、⑩、④选通，如图 2.1.4 所示。

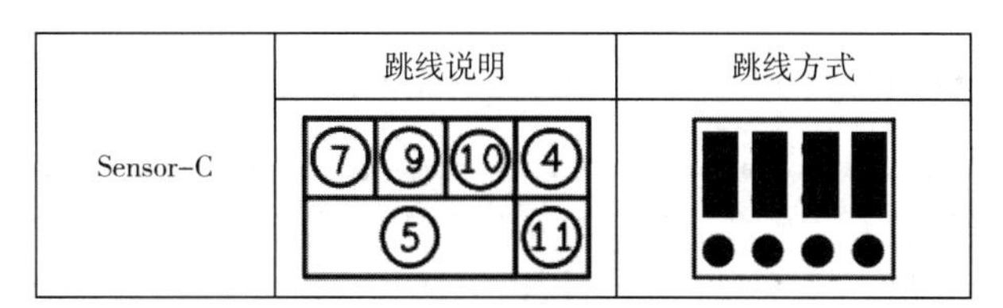

图 2.1.4　安防类传感器（Sensor-C）跳线

2．镜像固化及参数修改

阅读《产品手册-nLab》第 6~7 章内容，掌握实训设备的出厂镜像固化和网络参数修改。

（1）掌握 ZigBee 节点的镜像固化（分别烧录 Sensor-A/B/C 传感器出厂固件）。

（2）掌握 ZigBee 节点网络参数的修改。通过 xLabTools 工具修改节点 PANID 和 CHANNEL 号，建议按表 2.1.2 进行修改，修改完成后观察组网情况。

表 2.1.2　PANID 和 CHANNEL 号分配

组　号	CHANNEL 号	PANID	组　号	CHANNEL 号	PANID
1	11	2010	11	13	2110
2	11	2020	12	13	2120
3	11	2030	13	13	2130
4	11	2040	14	13	2140
5	11	2050	15	13	2150
6	12	2060	16	14	2160
7	12	2070	17	14	2170
8	12	2080	18	14	2180
9	12	2090	19	14	2190
10	12	2100	20	14	2200

3. ZigBee 组网及应用

1）ZigBee 网络构建过程

（1）准备一个智能网关（含 ZigBee 协调器节点）、若干 ZigBee 节点和传感器。

（2）智能网关先上电启动系统，此时 ZigBee 协调器根据程序设定的网络参数建立 ZigBee 网络。

（3）ZigBee 节点上电启动，根据程序设定的网络参数开始搜寻网络并入网。

（4）配置智能网关的网关服务程序，设置 ZigBee 传感网接入到物联网云平台。

（5）通过应用软件连接到设置的 ZigBee 项目，与 ZigBee 设备进行通信。阅读《产品手册-nLab》第 8~9 章内容，进行 ZigBee 组网和应用展示。

2）连接设备并组建 ZigBee 网络

准备智能网关、LiteB 节点、传感器，接上天线，先上电启动智能网关让协调器创建网络（网络红灯闪烁后长亮表示创建网络成功），再将连接有传感器的 LiteB 节点上电（网络红灯闪烁后长亮表示加入网络成功），如图 2.1.5 所示。

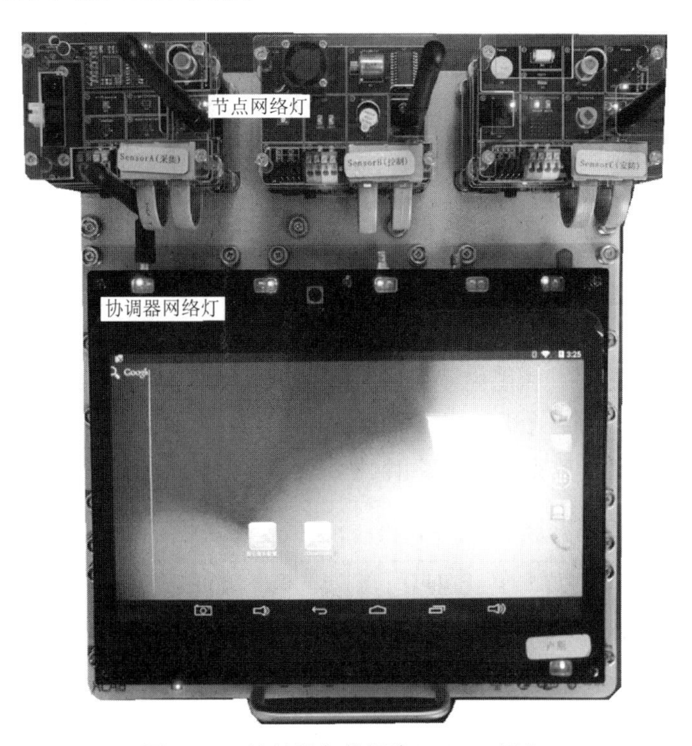

图 2.1.5　连接设备并组建 ZigBee 网络

3）配置智云网关

阅读《产品手册-nLab》第 9.2 节内容对网关进行配置，如图 2.1.6 所示。

当选择 ZigBee 无线汇集节点（SinkNode）作为网关时，则运行 Windows 端网关配置工具。

4）应用综合体验

阅读《产品手册-nLab》第 9.3 节内容构建项目并通过 ZCloudTools 综合应用进行演示体验，如图 2.1.7、图 2.1.8 所示。

图 2.1.6　网关配置

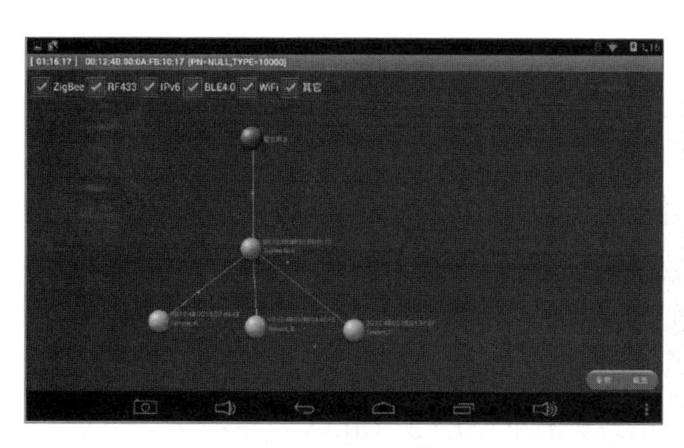

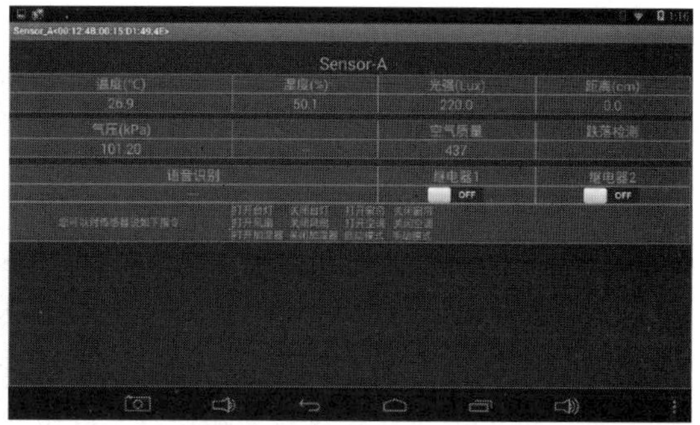

图 2.1.7　ZCloudTools 综合应用演示体验 1

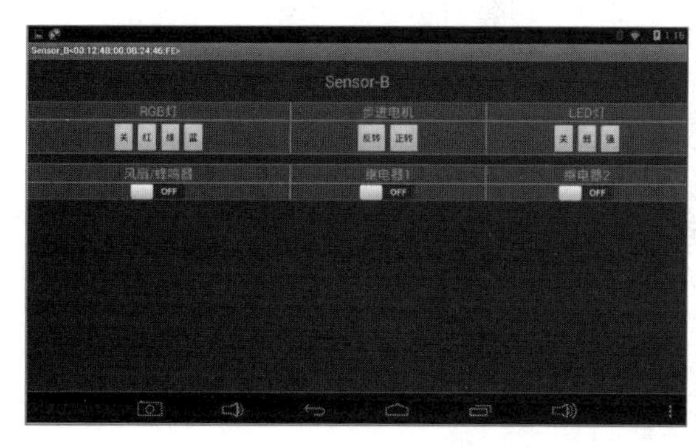

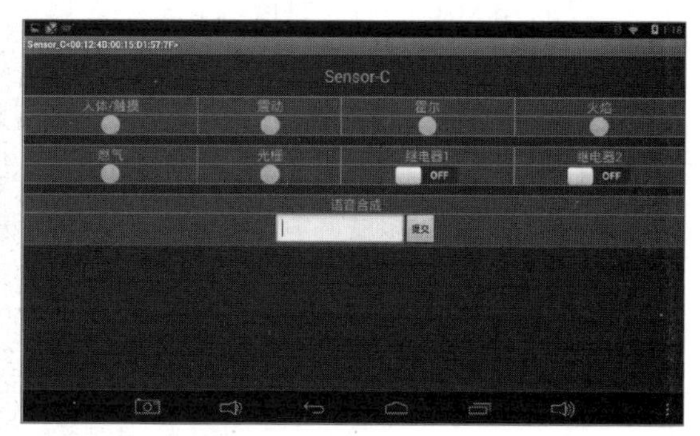

图 2.1.8　ZCloudTools 综合应用演示体验 2

4．ZigBee 组网异常分析

ZigBee 组网可能出现以下异常情况，可根据表 2.1.3 所示进行验证。

表 2.1.3　ZigBee 组网异常分析

序号	异常状况	组网状况	原因说明
1	协调器先上电，其他节点再上电	正常组网（网络红灯先闪后长亮，有数据收发时数据绿灯闪）	协调器上电，根据设置的 CHANNEL/PANID 创建网络，在网络未被占用时创建成功，网络红灯长亮。其他节点上电先搜索网络（节点网络红灯闪），再连接到协调器网络（网络红灯长亮）
2	协调器始终通电，其他节点断电后上电	正常组网	协调器网络始终保持，节点上电后能够搜索到协调器网络并连接

续表

序号	异常状况	组网状况	原因说明
3	节点均为终端节点且始终通电，协调器断电后上电	正常组网	协调器断电后，终端节点不能保存网络，终端节点断网并搜索网络。当协调器再次上电后重新建立网络，节点会自动连到节点
4	节点含路由节点且始终通电，协调器断电后上电	不能组网	协调器断电后，路由节点保持网络。当协调器再次上电后重新建立网络，因原有网络被路由节点占用，协调器将会以 PANID+1 作为新的 PANID 建网，此时原节点与协调器 PANID 不一致导致不能组网
5	协调器不上电，节点上电	不能组网	因为没有协调器创建网络，节点无法找到网络入网

其他异常说明：

（1）当协调器不上电，节点上电出现入网情况时，则说明附近有其他协调器的网络信息与实训设置得一样，此时需要根据前文认识 ZigBee 硬件平台中的“镜像固化及参数修改”的步骤进行网络参数的修改。

（2）当组网后网络中无法看到节点信息时，则关闭协调器，让节点重新上电看是否连接到了其他网络，若也能入网，再根据表 2.1.3 中序号 1 对应的状况进行网络参数的修改。

（3）节点始终无法入网，则检查节点是否未接天线。

5．网络参数改变影响

（1）使用 xLabTools 工具将协调器与路由 / 终端节点的 PANID 或 CHANNEL 号设为不同值，观察组网情况（PANID 或 CHANNEL 号中任何一个值不一致则不能组网）。

（2）使用 xLabTools 工具修改节点类型（路由 / 终端），理解 ZigBee 组网及拓扑图变化。

6．理解智慧农业场景

在农业环境中，使用温度、湿度、光强等传感器监测农作物生长所需的环境值。当环境偏离农作物生长所需范围时，可通过蜂鸣器报警提示，也可通过继电器去控制灯光进行光强补充、控制风机或空调等进行温度调节、控制电动机灌溉进行湿度调节等。

根据实训设备与智慧农业场景进行对比联想，掌握 ZigBee 设备与网络在智慧农业中的应用。智慧农业框架如图 2.1.9 所示。

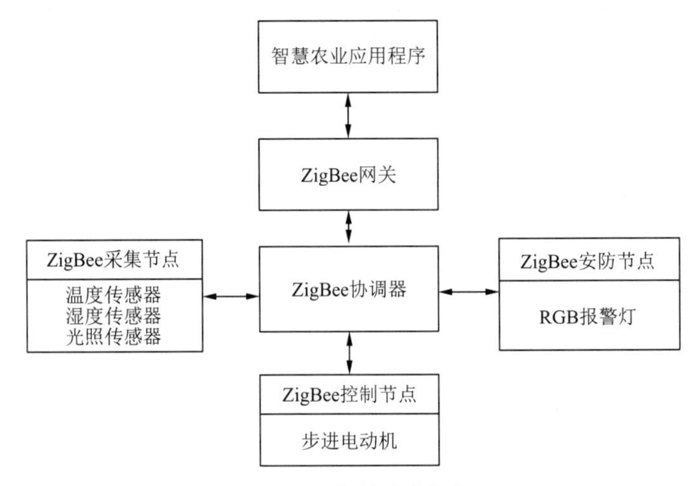

图 2.1.9　智慧农业框架

五、实训拓展

（1）两组学生组成更大的网络进行相关测试。

（2）测试通信距离和网络断开后的自愈问题。

（3）使用 xLabTools 工具，设置协调器与路由 / 终端节点 PANID=0xFFFF，观察组网情况。如果能够组网，协调器则随机产生一个值作为自己的 PANID；路由器和终端设备则会在默认信道上随机选择一个网络加入，加入之后协调器的 PANID 即为设备和应用软件的 PANID。但在存在多个协调器网络时，路由 / 终端节点会随机加入一个同 Channel 号的网络。

（4）采用无线汇集节点（ZXBeeSinkNode）作为协调器，接入计算机，运行 Windows 智云网关，进行组网实训。

六、注意事项

（1）程序固化时，如果发生错误，可以尝试按下 SmartRF 上的复位按键或者尝试重新插拔。

（2）ZigBee 协调器与节点的网络（CHANNEL/PANID）参数要一致。

（3）节点无法入网时，需要给节点安装天线。

（4）传感器复用时，可通过跳线进行选择，改变跳线后，复位节点即可重启入网，并按照新的设置自动判别所选择的传感器。

七、实训评价

过程质量管理见表 2.1.4。

表 2.1.4　过程质量管理

姓名			组名	
评分项目		分值	得分	组内管理人
通用部分（40 分）	团队合作能力	10		
	实训完成情况	10		
	功能实现展示	10		
	解决问题能力	10		
专业能力（60 分）	设备连接与操作	10		
	程序的下载、安装和网络配置	10		
	掌握网络组网过程及参数设置	20		
	实训现象的记录与描述	20		
过程质量得分				

实训 2　ZigBee 无线传感网工具

一、相关知识

CC2530 是得州仪器生产的 ZigBee 芯片，是用于 2.4 GHz IEEE 802.15.4、ZigBee 和 RF4CE 应用的一个真正的片上系统（SoC）解决方案，能够以非常低的成本建立强大的网络节点。CC2530 有四种不同的闪存版本：CC2530F32/64/128/256，分别具有 32 KB/64 KB/128 KB/256 KB 的闪存。CC2530 具有不同的运行模式，使得它尤其适应超低功耗要求的系统，运行模式之间的转换时间短，进一步确保了低能源消耗。

ZigBee 协议栈就是将各个层定义的协议都集合在一起，以函数的形式实现，并给用户提供 API（应用层），用户可以直接调用。Z-Stack 协议栈由得州仪器出品，符合 ZigBee 2007 规范。

得州仪器官方为 ZigBee 产品提供了较多的开发和调试工具。其中使用比较多的工具有四个，分别是 ZigBee Flash Programmer 工具——程序固化与 MAC 地址读取、ZTools 工具——调试数据收发分析、ZigBee Sensor Monitor 工具——ZigBee 组网调试、PackSniffer 工具——ZigBee 的抓包。其中，ZTools 工具可以通过 ZStack 协议栈中的相关函数配置获取 ZigBee 网络的相关重要参数。例如，节点的短地址等。另外，企业为了方便课程的学习也开发了相应的调试工具—— ZCloudTools 工具（Android 及 PC 两种版本）、xLabTools 综合调试工具等。

二、实训目标

（1）了解 CC2530 ZigBee 芯片。

（2）了解 ZStack 协议栈的使用。

（3）掌握 ZStack 协议栈网络参数的修改。

（4）掌握 ZigBee 调试工具的使用。

三、实训环境

实训环境包括硬件环境、操作系统、开发环境、实训器材、实训配件，见表 2.2.1。

表 2.2.1　实训环境

项　目	具体信息
硬件环境	PC、Pentium 处理器双核 2 GHz 以上，内存 4 GB 以上
操作系统	Windows 7 64 位及以上操作系统
开发环境	IAR for 8051 集成开发环境
实训器材	nLab 未来实训平台：3 × LiteB 节点（ZigBee）、Sensor-A/B/C 传感器、智能网关、无线汇集节点（SinkNodeBee）
实训配件	SmartRF04EB 仿真器，USB 线，12 V 电源

四、实训步骤

1. 理解 CC2530 ZigBee 硬件

CC2530 芯片系列中使用的 CPU 内核是一个单周期的 8051 兼容内核，CC2530 模块大致可以分为三类：CPU 和内存相关模块、外设、时钟和电源管理相关模块，无线信号收发相关模块，最小系统电路如图 2.1.1 所示。

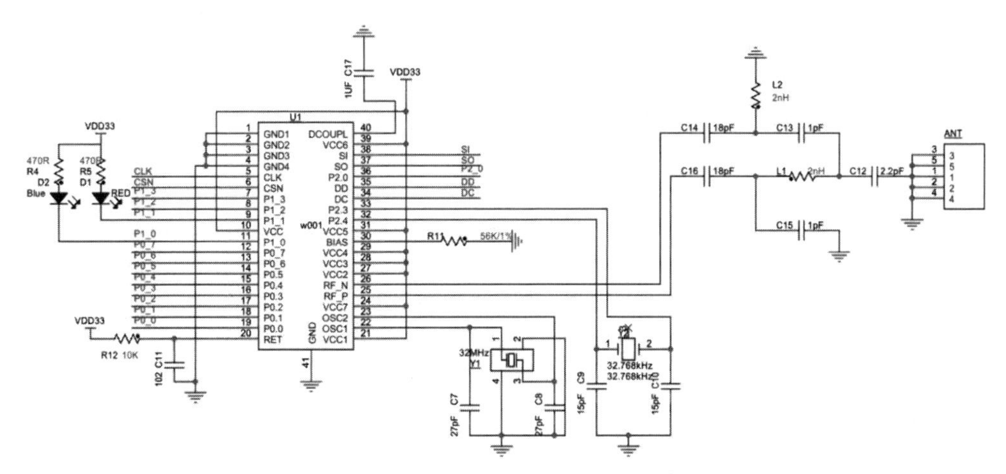

图 2.2.1　CC2530 最小系统电路[①]

2. ZStack 协议栈的安装、调试和下载

1）ZStack 协议栈安装

（1）ZStack 协议栈安装文件为“DISK-xLabBase\02-软件资料\02-无线节点”文件夹中的 zstack-2.4.0-1.4.0x.zip。

（2）创建文件夹 C:\stack，将 ZStack 协议栈 zstack-2.4.0-1.4.0x.zip 解压到该文件夹中。

2）ZStack 协议栈工程

（1）ZStack 协议栈默认工程路径为 zstack-2.4.0-1.4.0x\Projects\zstack\Samples。

（2）协议栈内置 Template 工程，运行文件：Template\CC2530DB\Template.eww 可打开工程，该工程是一个简单的示例程序，如图 2.2.2 所示。

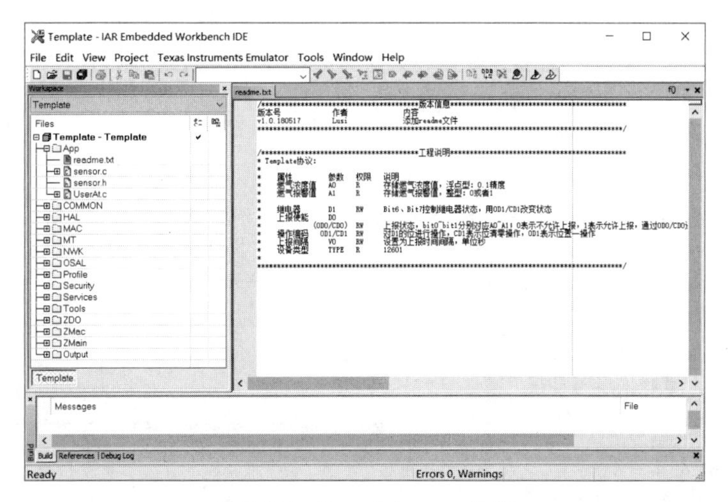

图 2.2.2　Template.eww 工程

① 本书电路图均为仿真软件截图，其电路元件图形符号与国家标准符号不符，二者对照关系参见附录 B。

（3）本实训目录下包含出厂镜像的节点工程源码，包括协调器（Coordinator）、sensor-a/b/c/d/el/eh/f 传感器的程序，使用时需要将工程文件夹复制到 zstack-2.4.0-1.4.0x\Projects\zstack\Samples 目录下打开使用。目录如图 2.2.3 所示。

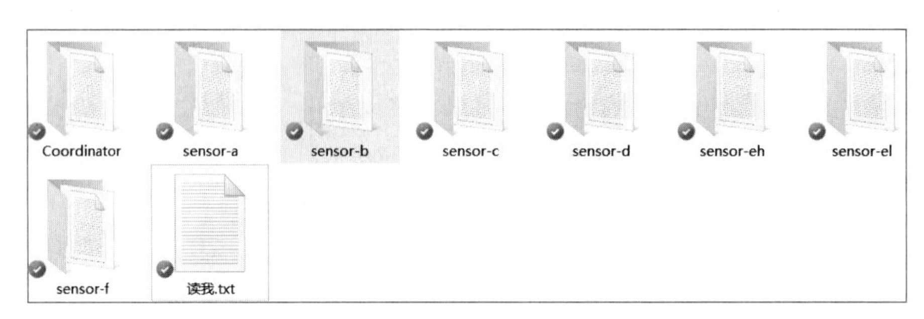

图 2.2.3　目录

（4）每个工程内有“读我 .txt”文件。通过阅读该文件可以了解相关通信协议说明。

3）ZStack 协议栈编译、调试

以 Template 工程为例，运行文件：Template\CC2530DB\Template.eww 可打开工程。

（1）编译工程：选择 Project → Rebuild All。或者直接单击工具栏中的 make 按钮 。编译成功后会在该工程的 Template\CC2530DB\Template\Exe 目录下生成 Template.d51 和 Template.hex 文件 。

（2）调试 / 下载：正确连接 SmartRF04 仿真器到 PC 和 ZXBeeLiteB 节点（第一次使用仿真器需要安装驱动 C:\Program Files (x86)\Texas Instruments\SmartRF Tools\Drivers\Cebal），打开节点电源（上电），按下 SmartRF04 仿真器上的复位按键，选择 Project → Download and Debug 或者直接单击工具栏的下载按钮 将程序下载到节点，程序下载成功后 IAR 自动进入调试界面，如图 2.2.4 所示。

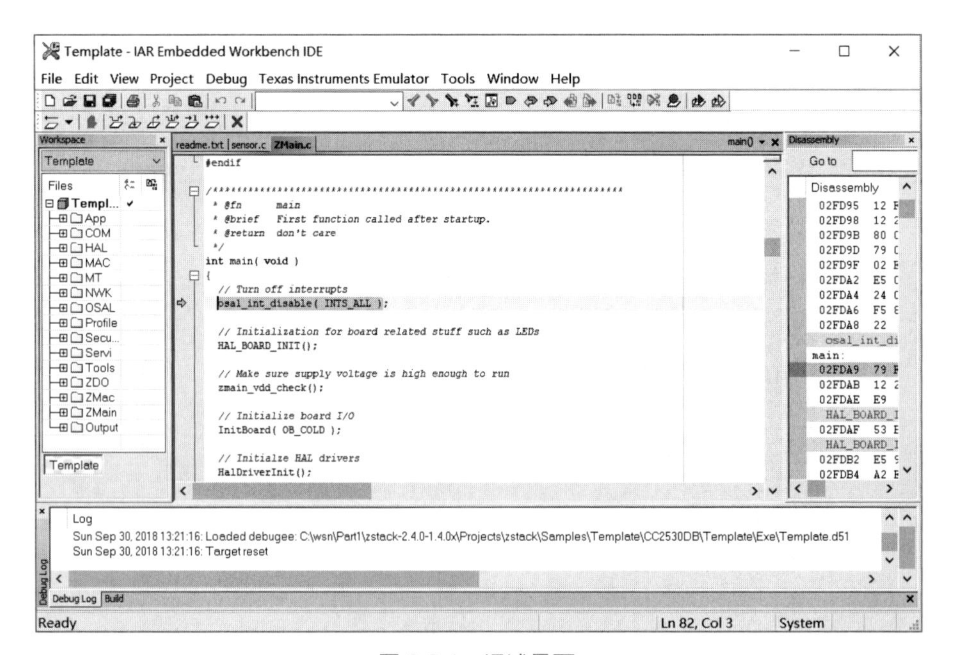

图 2.2.4　调试界面

（3）进入到调试界面后，就可以对程序进行调试了。IAR 的调试按钮包括如下几个选项：重置按钮（Reset）、终止按钮（Break）、跳过按钮（Step Over）、跳入函数按钮（Step Into）、跳出函数按钮（Step Out）、下一条语句按钮（Next Statement）、运行到光标的位置按钮（Run to Cursor）、全速运行按钮（Go）和停止调试按钮（Stop Debugging）。在调试过程中，也可以设置断点和通过其他调试窗口进行程序跟踪和数据的观察。

4）ZStack 协议栈程序下载

可以通过 IAR 工具和 FlashProgrammer 工具对节点进行程序镜像下载。

（1）通过 IAR 打开工程文件，选择 Project → Download and Debug 或者直接单击工具栏中的下载按钮即可将程序下载到节点。

（2）运行 Flash Programmer 软件，也可以将程序下载到节点，详细步骤请阅读《产品手册 -nLab》第 10.4 节内容。

3. ZStack 协议栈网络参数

通过工程源码可以直接修改 ZigBee 节点的网络参数 PANID/CHANNEL 及网络类型。

（1）打开工程文件 Tools → f8wConfig.cfg，其中 CHANNEL 宏定义：DEFAULT_CHANLIST；PANID 宏定义：ZDAPP_CONFIG_PAN_ID。

```
/* 默认 CHANNEL 号: 11 - 0x0B */
// CHANNEL 按照以下设置
//        0             : 868 MHz     0x00000001
//        1 - 10        : 915 MHz     0x000007FE
//        11 - 26              0x07FFF800 // 中国授权频段
//
//-DMAX_CHANNELS_868MHZ 0x00000001
//-DMAX_CHANNELS_915MHZ 0x000007FE
//-DMAX_CHANNELS_24GHZ 0x07FFF800
//-DDEFAULT_CHANLIST=0x04000000   // 26 - 0x1A
//-DDEFAULT_CHANLIST=0x02000000   // 25 - 0x19
//-DDEFAULT_CHANLIST=0x01000000   // 24 - 0x18
//-DDEFAULT_CHANLIST=0x00800000   // 23 - 0x17
//-DDEFAULT_CHANLIST=0x00400000   // 22 - 0x16
//-DDEFAULT_CHANLIST=0x00200000   // 21 - 0x15
//-DDEFAULT_CHANLIST=0x00100000   // 20 - 0x14
//-DDEFAULT_CHANLIST=0x00080000   // 19 - 0x13
//-DDEFAULT_CHANLIST=0x00040000   // 18 - 0x12
//-DDEFAULT_CHANLIST=0x00020000   // 17 - 0x11
//-DDEFAULT_CHANLIST=0x00010000   // 16 - 0x10
//-DDEFAULT_CHANLIST=0x00008000   // 15 - 0x0F
//-DDEFAULT_CHANLIST=0x00004000   // 14 - 0x0E
//-DDEFAULT_CHANLIST=0x00002000   // 13 - 0x0D
//-DDEFAULT_CHANLIST=0x00001000   // 12 - 0x0C
  -DDEFAULT_CHANLIST=0x00000800   // 11 - 0x0B

/* 定义默认 PAN ID.
 * 参考范围: 1~0x3FFF
 */
-DZDAPP_CONFIG_PAN_ID=0x2100  // 8448
```

（2）打开工程文件 App → sensor.h，其中 NODE_TYPE 定义节点类型（路由 / 终端）。协调器是独立的工程。

```
#define NODE_TYPE    NODE_ENDDEVICE    //路由节点 NODE_ROUTER 终端节点 NODE_ENDDEVICE
```

4. ZigBee 组网拓扑结构

ZigBee 组网拓扑结构有 MESH 网、星状网、树状网三种，通过 ZCloudTools 工具可以查看。

1）MESH 网

本实训工程代码和出厂镜像默认采用 MESH 网。组网成功后，可通过 ZCloudTools 工具查看网络拓扑图。（阅读《产品手册-nLab》第 9.3 节内容构建项目并通过 ZCloudTools 综合应用进行演示体验）。拓扑图如图 2.2.5 所示。

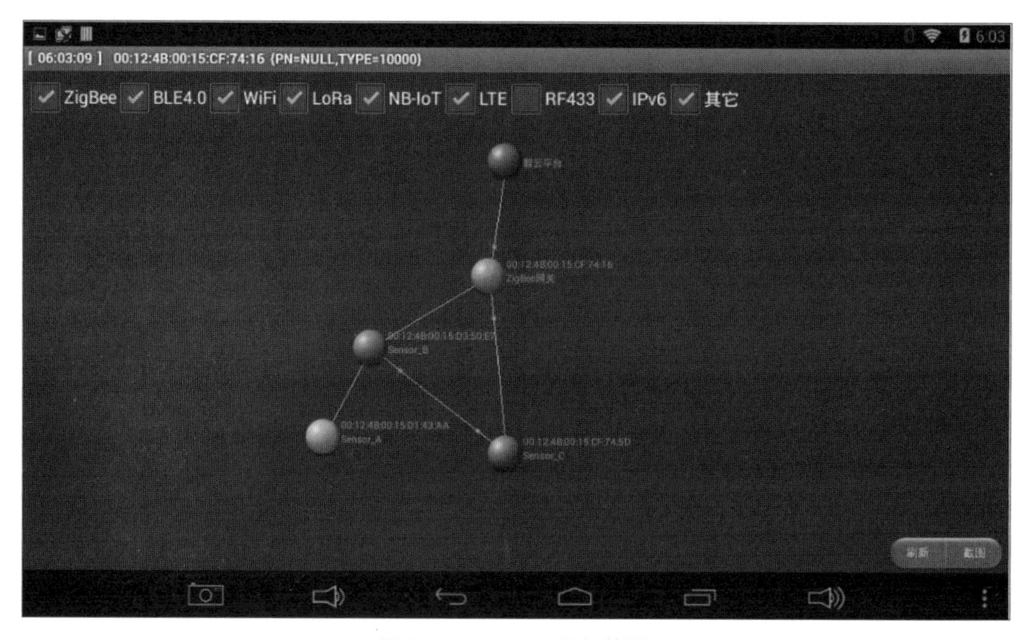

图 2.2.5　MESH 网拓扑图

2）星状网

（1）修改节点工程代码，将网络配置为星状网类型（包括协调器和节点全部都要修改）。

设置 ZStack 协议版本：在工程 Tools → f8wConfig.cfg 文件中，注释掉 DZIGBEEPRO 宏定义。

```
/* 星状网关闭 PRO 协议 */
//-DZIGBEEPRO
```

在工程配置选项卡中，C/C++ Compiler → Preprocessor 宏定义内添加星状网宏定义 STARTEST，具体选择如图 2.2.6 所示。

在工程配置选项卡中，Linker → Extra Options 修改链接的库文件为 Router.lib，如图 2.2.7 所示。

（2）准备协调器和三个 ZigBee 节点，重新编译 Coordinator、Sensor-A/B/C 工程并烧写到节点。

（3）组网后，网络拓扑图如图 2.2.8 所示。

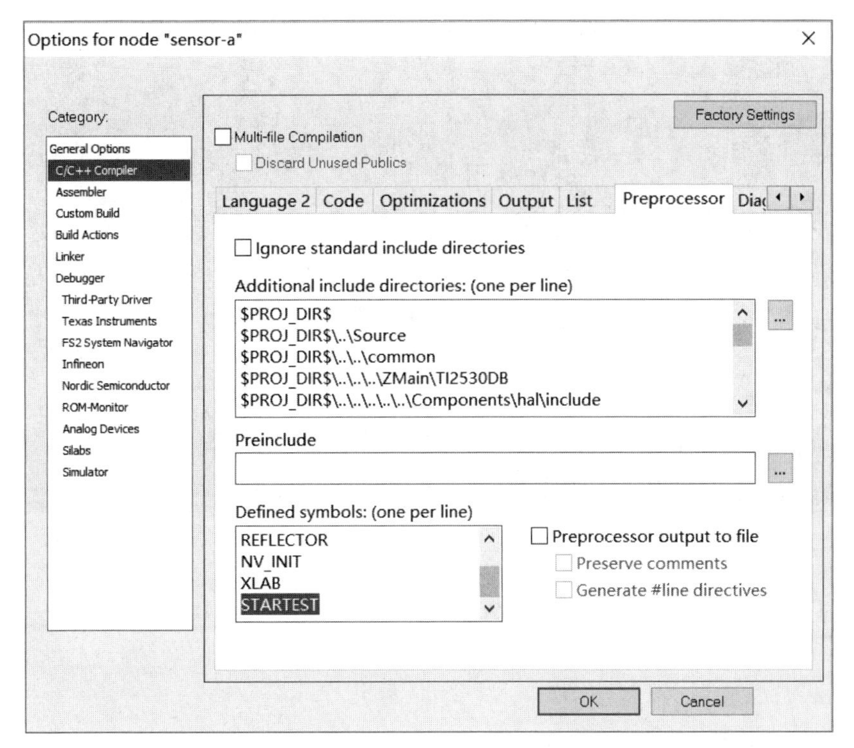

图 2.2.6　宏定义内添加星状网宏定义

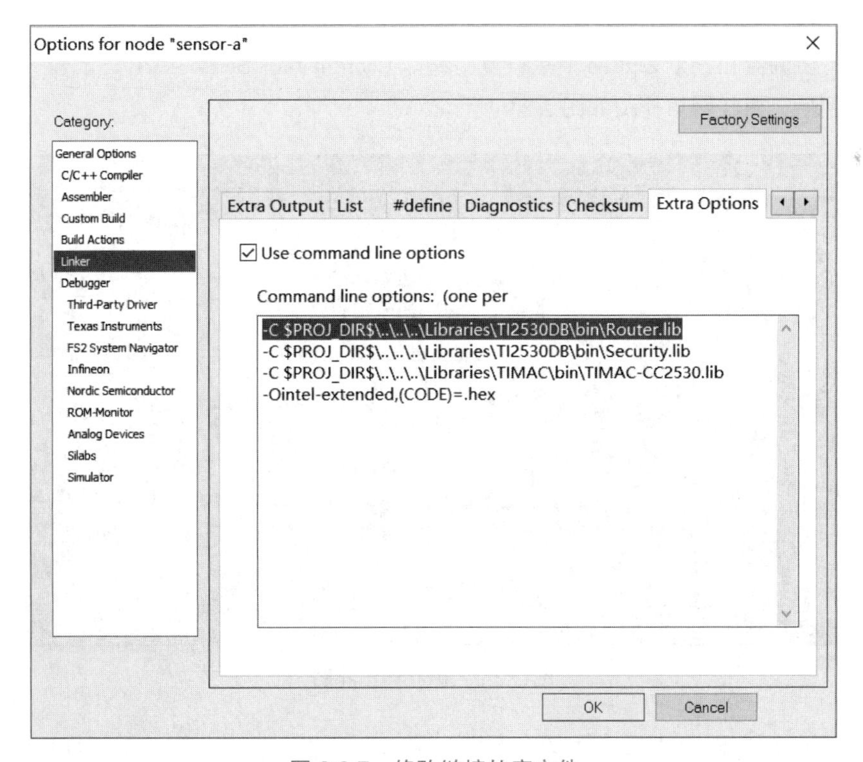

图 2.2.7　修改链接的库文件

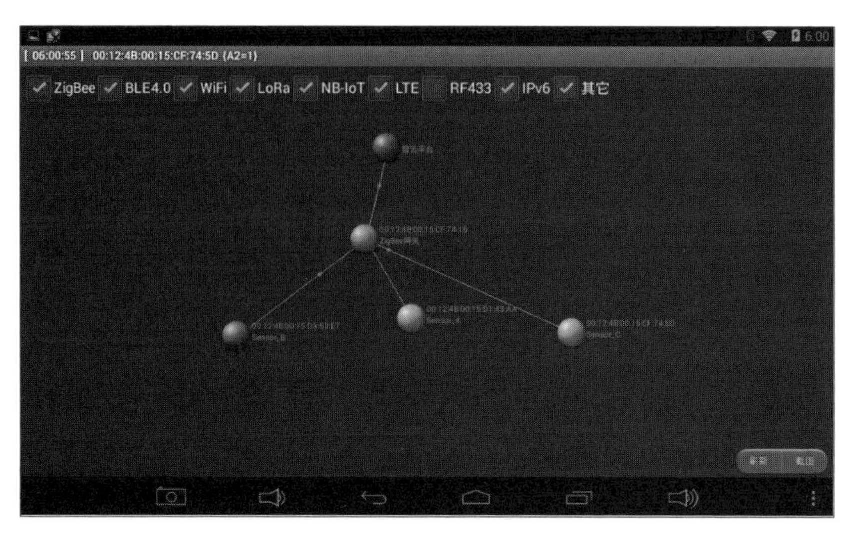

图 2.2.8　星状网拓扑图

（4）通过前文“ZStack 协议栈网络参数”步骤修改 ZigBee 节点类型，重新烧写程序到节点，查看网络拓扑图变化。

3）树状网

（1）修改节点工程代码，将网络配置为树状网类型（包括协调器和节点全部都要修改）。

具体设置方法与星状网一致，此外在工程配置选项卡中，C/C++ Compiler → Preprocessor 宏定义内添加树状网宏定义 TREETEST。

（2）准备协调器和三个 ZigBee 节点，重新编译 Coordinator、Sensor-A/B/C 工程并烧写到节点。

（3）组网后，树状网拓扑图如图 2.2.9 所示。

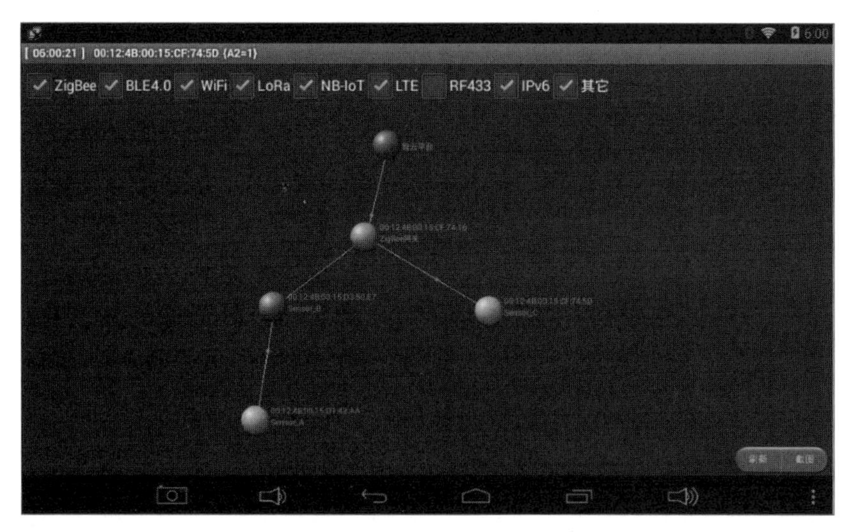

图 2.2.9　树状网拓扑图

（4）通过前文“ZStack 协议栈网络参数”步骤修改 ZigBee 节点类型，重新烧写程序到节点，查看网络拓扑图变化。

在节点数量比较少的情况下，为了更好地展示出树状网拓扑结构，工程源码树状网类型参数设置（工程 NWK → nwk_globals.c）：每一级最大网络容量为两个且其中一个为路由节点。

5. 智云数据分析工具

（1）智云数据分析工具包含 xLabTools 和 ZCloudTools，分别对应硬件层数据调试和应用层数据调试。

① xLabTools 工具：

a. 通过 USB 线连接 ZXBeeLite 节点到计算机，运行 xLabTools 工具连入该节点的串口观察节点信息：可读取 / 修改节点的网络信息（地址、类型、PANID、CHANNEL），如图 2.2.10 所示。

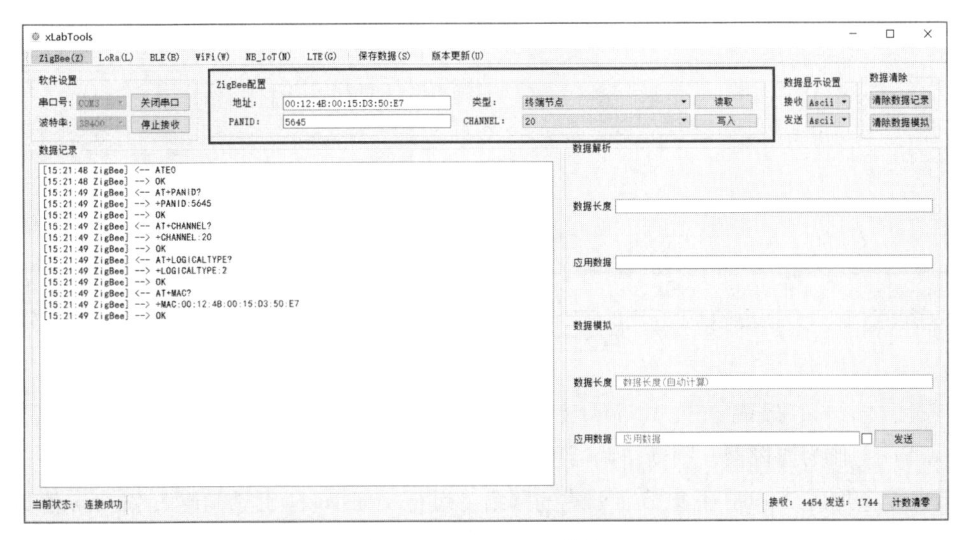

图 2.2.10　ZigBee 配置

节点收到下行的网络数据包，在数据记录窗口可以看到数据信息，单击具体的数据包，可以在“数据解析”栏对数据包进行详细分析，如图 2.2.11 所示。

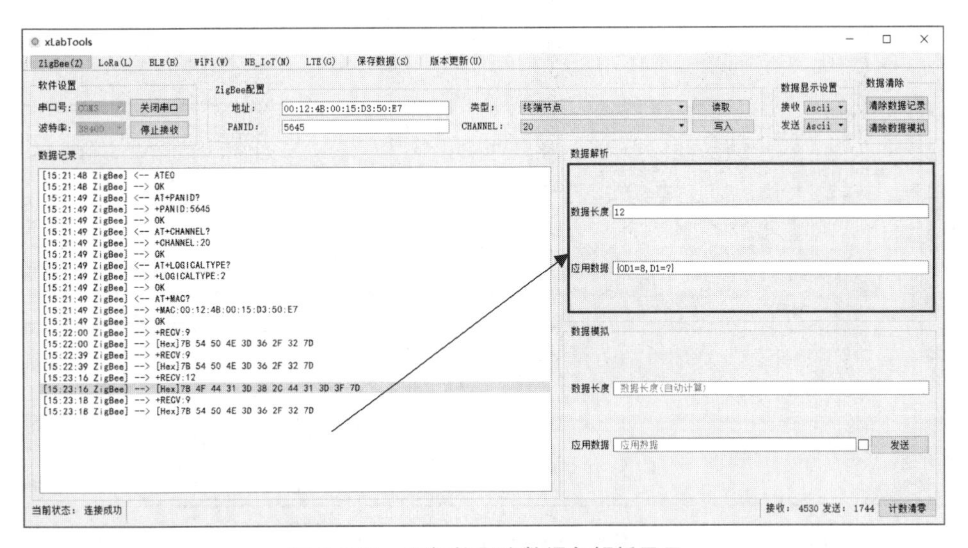

图 2.2.11　下行的网络数据包解析显示

在数据模拟窗口，可以将要发送的数据通过节点发送到协调器，实现传感器上行数据的模拟，选中应用数据的复选框可以设置数据定时发送的时间间隔（以 ms 为单位），如图 2.2.12 所示。

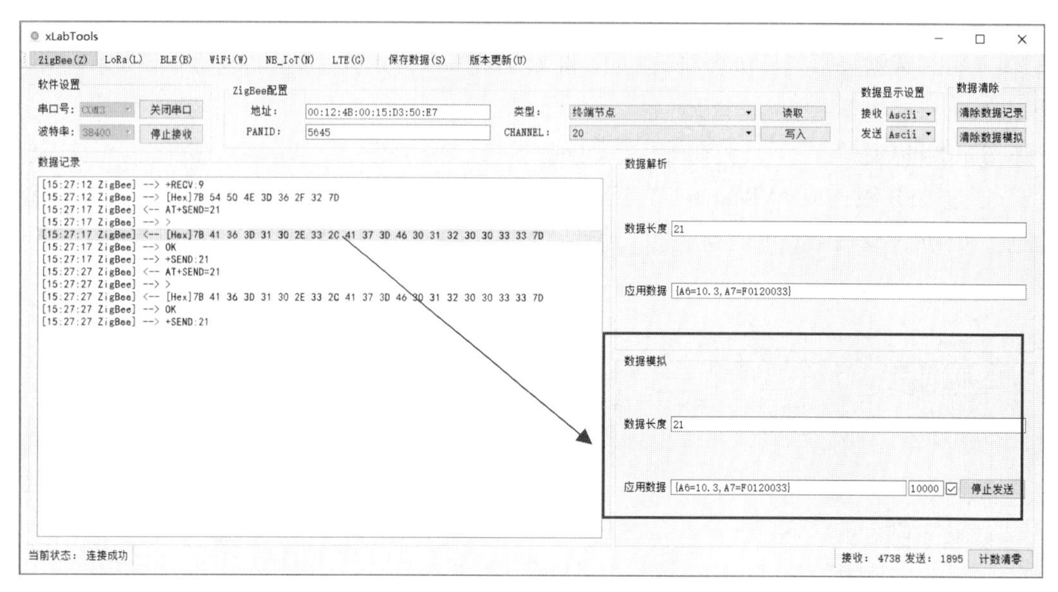

图 2.2.12　传感器上行数据

b. 关闭 Android 智能网关 Mini4418 和已经组网的 ZigBee 节点，采用 ZigBee 汇集节点（SinkNodeBee）作为协调器，刷新协调器程序，接上 USB 线到计算机上电启动创建网络，然后让 ZigBee 节点上电加入 ZigBee 汇集节点创建的网络。运行 xLabTools 工具，连入 ZigBee 汇集节点的串口观察协调器的数据（数据解析部分为节点上行发送给协调器的数据，数据模拟为从串口发送指令通过协调器下行发送给节点的数据），如图 2.2.13 所示。

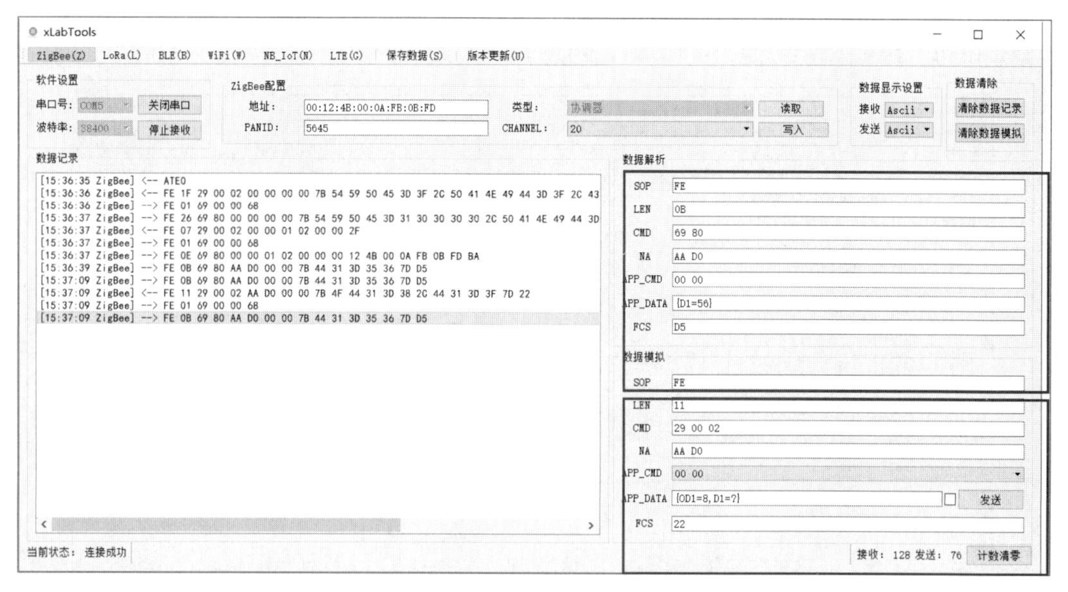

图 2.2.13　观察协调器的数据

② ZCloudTools 工具：

a. 当 ZigBee 设备组网成功，并且正确设置智能网关将数据连接到云端，此时可以通过 ZCloudTools 工具抓取和调试应用层数据。（ZCloudTools 包含 Android 和 Windows 两个版本）

b. ZCloudTools 可查看网络拓扑图，了解设备组网状态。

c. ZCloudTools 可查看网络数据包，支持下行发送控制命令。

配置与数据显示如图 2.2.14 所示。

图 2.2.14　配置与数据显示

（2）选择 ZigBee 设备构建智慧农业应用场景。通过智云数据分析工具对网络数据进行跟踪和调试，如图 2.2.15 所示。

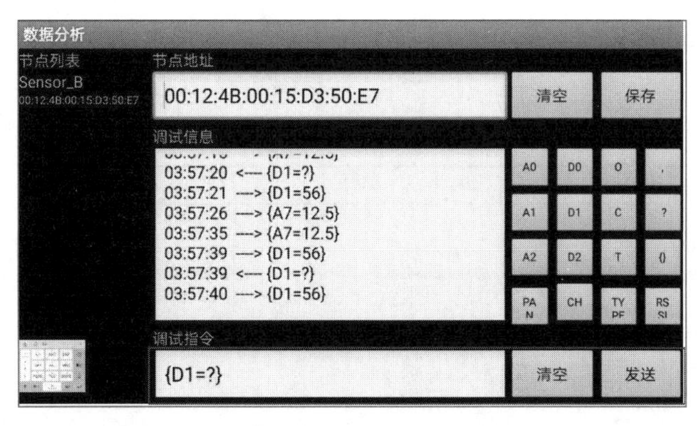

图 2.2.15　下行发送控制命令

① 选择 Sensor-A/B/C 传感器，模拟智慧农业光强系统（光强度传感器）、遮阳系统（步进电动机）。

② Sensor-A 传感器默认 30 s 上传一次数据，通过 ZCloudTools 工具可以观察到数据及变化（通

过手机“手电筒”照射改变光强值 A2 变化）。数据显示如图 2.2.16 所示。

图 2.2.16　数据显示

③ Sensor-B 传感器步进电动机控制指令为：正转（{OD1=4,D1=?}），反转（{CD1=4,D1=?}）。通过 ZCloudTools 工具发送控制指令，观察步进电动机转动现象（当步进电动机状态反转时，步进电动机才会转动）。指令发送如图 2.2.17、图 2.2.18 所示。

图 2.2.17　指令发送

图 2.2.18　接收控制指令数据包

④ 通过 xLabTools 也可以发送模拟的光强数据进行调试，如图 2.2.19、图 2.2.20 所示。

图 2.2.19　发送光照数据包

特别说明：

本实训相关传感器协议及控制命令见《产品手册-nLab》第 12 章说明。

图 2.2.20　应用接收到模拟的数据包

五、实训拓展

（1）查阅资料，学习 Ti Packet Sniffer 工具的使用。

（2）阅读《ZigBee 协调器与上位机通信协议》，采用无线汇集节点（ZXBeeSinkNode）作为协调器，接入计算机，运行 xLabTools 工具抓取协调器数据，理解数据含义。

（3）通过工具修改节点扩展 IEEE 地址，了解扩展 IEEE 地址的作用。

（4）阅读《产品手册-nLab》第 12 章，理解智云传感器协议。

六、注意事项

（1）IAR 程序调试时，如果发生错误，可以尝试按下 SmartRF 上的复位按键或者尝试重新插拔。

（2）IAR 处于调试状态时，仿真器处于占用状态，此时使用 FlashProgrammer 工具烧写程序时会出错，需要先将 IAR 从调试状态停止后才能使用。

（3）树状网拓扑实训时，由于工程源码默认每一级有且只有一个路由节点和一个终端节点，此时当节点类型情况不同时，实训变化会不一样，且有时难以入网。

（4）星状网和树状网拓扑实训时，当协调器未掉电（此时之前掉线 / 关电的节点网络信息仍然存在），此时节点反复上电时，由于工程设置的最大网络容量限制，可能造成节点不能入网。

（5）当使用云服务时，开启远程服务时，要求网关和应用终端连接互联网，并使用 Android 智能网关内置的 ID/KEY；当开启本地服务时，要求网关和应用终端连接到同一局域网，此时应用

（包括 ZCloudTools 工具）的服务地址为网关的 IP 地址。

七、实训评价

过程质量管理见表 2.2.2。

表 2.2.2　过程质量管理

姓名			组名	
评分项目		分值	得分	组内管理人
通用部分（40 分）	团队合作能力	10		
	实训完成情况	10		
	功能实现展示	10		
	解决问题能力	10		
专业能力（60 分）	设备连接与操作	10		
	掌握各种调试工具的使用	25		
	实训现象记录与描述	25		
过程质量得分				

实训 3　ZigBee 无线传感网程序分析

一、相关知识

ZStack 协议栈可以理解为就是一个基于轮转查询式的操作系统。整个 ZigBee 的任务调度，都是在这个轮询操作系统上完成的。该协议栈总体上来说一共做了两项工作：一个是系统初始化，即由启动代码来初始化硬件系统和软件构架需要的各个模块；另外一个就是开始启动操作系统实体。

得州仪器官方将对用户开放的通用函数接口都写在了 sapi.c 和 sapi.h 文件下。对用户而言，了解 sapi.c 和 sapi.h 下的关键函数及其在其他函数中的使用方法是学习 ZStack 协议栈 SAPI 框架的重点。

应用接口分析主要针对两方面：一方面是 SAPI 框架下提供的应用接口分析；另一方面是针对企业为了方便用户学习而设计的 ZigBee 无线传感网智云框架。

二、实训目标

（1）掌握 SAPI 框架。

（2）掌握用户接口的调用。

（3）理解关键函数的使用。

三、实训环境

（1）实训环境包括硬件环境、操作系统、开发环境、实训器材、实训配件，见表 2.3.1。

表 2.3.1　实训环境

项　目	具 体 信 息
硬件环境	PC、Pentium 处理器、双核 2 GHz 以上、内存 4 GB 以上
操作系统	Windows 7 64 位及以上操作系统
开发环境	IAR For 8051 集成开发环境
实训器材	nLab 未来实训平台：LiteB 节点（ZigBee）、无线汇集节点 (SinkNodeBee)、智能网关
实训配件	SmartRF04EB 仿真器、USB 线、12 V 电源

四、实训步骤

1．编译、下载和运行程序，组网

（1）准备智能网关和 ZigBee 无线节点及相关 ZStack 协议栈工程。无线节点实训工程为 ZigBeeApiTest。将实训代码中 04–ZigBee–Api 文件夹下的工程 ZigBeeApiTest 复制到 C:\stack\ZStack–CC2530– 2.4.0–1.4.0\Projects\zstack\Samples 文件夹下。需要复制的源码目录如图 2.3.1 所示。

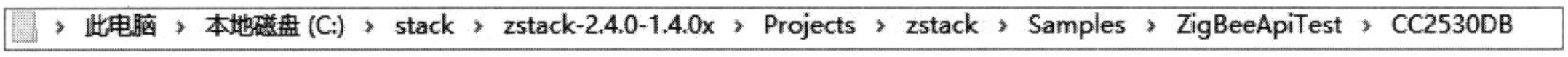

› 此电脑 › 本地磁盘 (C:) › stack › zstack-2.4.0-1.4.0x › Projects › zstack › Samples › ZigBeeApiTest › CC2530DB

图 2.3.1　源码目录

进入协调器实训工程路径 C:\stack\ZStack–CC2530–2.4.0–1.4.0\Projects\zstack\Samples\Coordinator。

（2）参考前面的内容修改工程源码内协调器/无线节点的无线网络参数，重新编译程序，并下载到设备中。

（3）参考前面的内容将设备进行组网，并保证设备正常入网运行，数据通信正常。

2．ZStack SAPI 框架关键函数调试

（1）阅读节点工程 ZigBeeApiTest 内源码文件：AppCommon.c，掌握 SAPI 程序的调用及应用、api 及关键函数的应用，见表 2.3.2。

表 2.3.2　AppCommon.c 函数及说明

函数名称	函数说明
zb_HandleOsalEvent()	sapi 事件处理函数，当一个任务事件发生之后，调用这个函数
zb_StartConfirm()	当 ZStack 协议栈启动完成后，进行入网确认执行这个函数
zb_ReceiveDataIndication()	当接收到下行无线数据后，调用这个函数
zb_SendDataRequest()	节点发送无线数据包函数
osal_start_timerEx()	启动系统定时器触发用户传感器事件

（2）阅读节点工程 ZigBeeApiTest 内源码文件：sensor.c，理解传感器应用的设计，见表 2.3.3。

表 2.3.3　sensor.c 函数及说明

函数名称	函数说明
sensorInit()	传感器硬件初始化

续表

函数名称	函数说明
sensorLinkOn ()	节点入网成功操作函数
sensorUpdate()	传感器数据定时上报
sensorControl()	传感器/执行器控制函数
ZXBeeInfRecv()	解析接收到的传感器控制命令函数
MyEventProcess()	自定义事件处理函数，启动定时器触发事件 MY_REPORT_EVT

（3）通过 IAR 工具和 SmartRF 仿真器调试 ZigBeeApiTest 工程，对上述函数设置断点（在需要设置断点的源码行单击按钮设置断点），理解程序的调用关系。通过工具菜单 View → Breakpoints 可以调取设置的断点窗口，如图 2.3.2 所示。

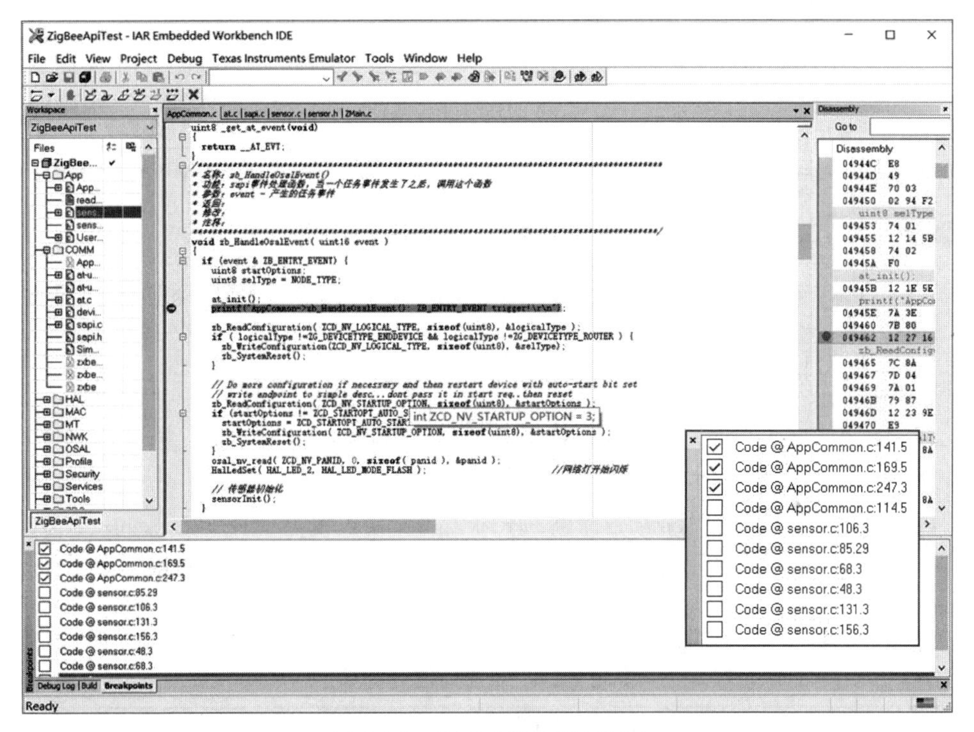

图 2.3.2　调取设置的断点窗口

（4）通过 IAR 工具和 SmartRF 仿真器调试 ZigBeeApiTest 工程，在调试状态选择 View → Call Stack，配合断点跟踪程序的调用关系，如图 2.3.3 所示。

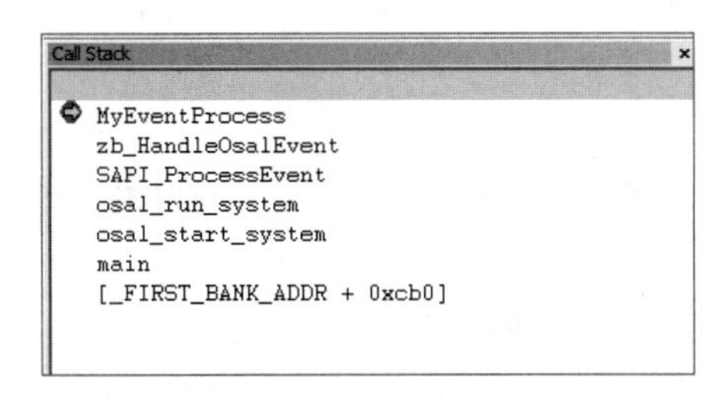

图 2.3.3　跟踪程序的调用关系

3．画出 SAPI 框架 api 调用关系图

调用关系图如图 2.3.4 所示。

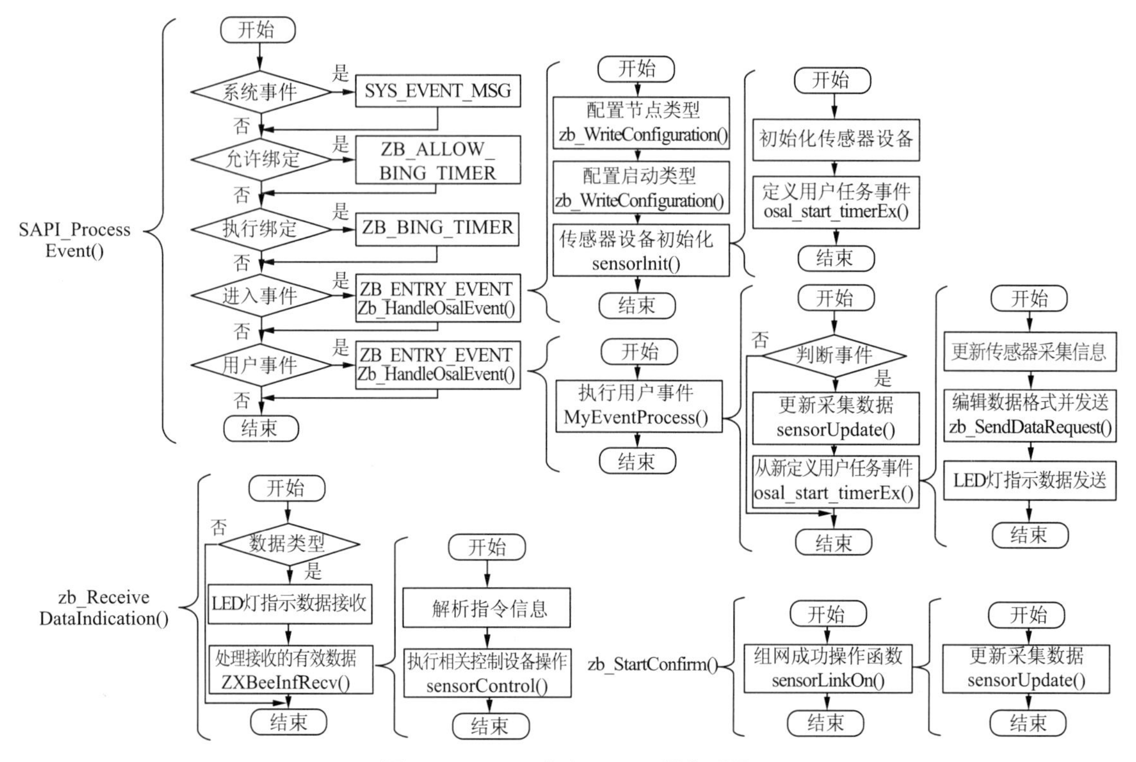

图 2.3.4　SAPI 框架 api 调用关系图

4．设计智慧农业系统协议

ZigBeeApiTest 工程以智慧农业项目为例，学习 ZigBee 协议栈程序的开发。sensor.c 传感器驱动内实现了一个光强传感器和电动机传感器（可通过修改程序来模拟传感器数据）的采集和控制，数据通信格式见表 2.3.4。

表 2.3.4　数据通信格式

数据方向	协议格式	说　明
上行（节点往应用发送数据）	lightIntensity=X	X 表示采集的光强值
下行（应用往节点发送指令）	cmd=X	X 为 0 表示关闭电动机；X 为 1 表示开启电动机

5．智慧农业系统程序测试

ZigBeeApiTest 工程实现了智慧农业项目光强传感器（随机数模拟数据）的循环上报，以及电动机传感器的远程控制功能。

（1）编译 ZigBeeApiTest 工程下载到 ZigBee 节点，与智能网关正确组网并配置网关服务连接到物联网云。

（2）通过 MiniUSB 线连接 ZigBee 节点到计算机，运行 xLabTools 工具查看程序的调用关系，并通过 ZCloudTools 工具查看应用层数据，如图 2.3.5、图 2.3.6 所示。

根据程序设定，ZigBee 节点每隔 20 s 会上传一次光强数据到应用层（光强数据是通过随机数产生的）。同时，通过 ZCloudTools 工具发送电动机控制指令（cmd=1 开启电动机；cmd=0 关闭电动机），可以对 ZigBee 节点电动机（实际由继电器模拟）进行开关控制。

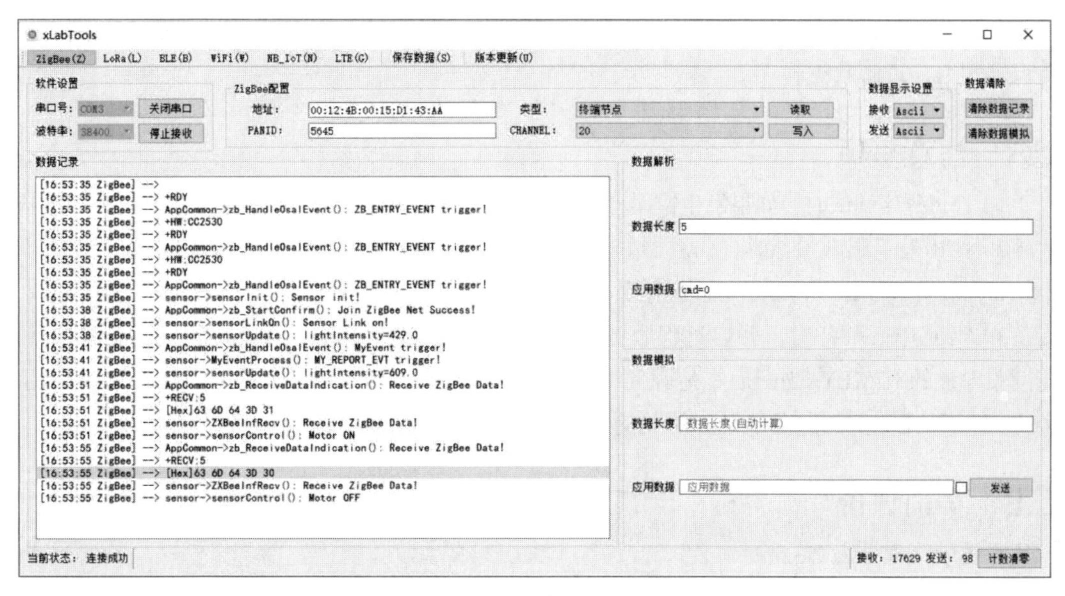

图 2.3.5　xLabTools 查看程序的调用关系

图 2.3.6　ZCloudTools 查看应用层数据

五、实训拓展

（1）深入理解 ZStack 协议栈，理解协议栈运行机制。

（2）分析协调器工程，理解运行机制。

（3）采用无线汇集节点（ZXBeeSinkNode）作为协调器，接入计算机，运行 xLabTools 工具抓取协调器数据，理解数据含义。

六、注意事项

（1）IAR 程序调试时，如果发生错误，可以尝试按下 SmartRF 上的复位按键或者尝试重新插拔。

（2）IAR 处于调试状态时，仿真器处于占用状态，此时使用 FlashProgrammer 工具烧写程序时会出错，需要先将 IAR 从调试状态停止后才能使用。

（3）当使用云服务时，开启远程服务时，要求网关和应用终端连接互联网，并使用 Android 智能网关内置的 ID/KEY；当开启本地服务时，要求网关和应用终端连接到同一局域网，此时应用（包括 ZCloudTools 工具）的服务地址为网关的 IP 地址。

七、实训评价

过程质量管理见表 2.3.5。

表 2.3.5　过程质量管理

姓名			组名	
评分项目		分值	得分	组内管理人
通用部分 （40 分）	团队合作能力	10		
	实训完成情况	10		
	功能实现展示	10		
	解决问题能力	10		
专业能力 （60 分）	设备的连接和实训操作	10		
	掌握用户接口及调用关系	20		
	关键函数的使用和理解	10		
	实训现象记录与描述	20		
过程质量得分				

实训 4　ZigBee 农业光强采集系统

一、相关知识

ZigBee 无线网络的使用过程中最为重要的功能之一就是能够实现远程的数据传输，通过 ZigBee 无线节点将采集的数据通过 ZigBee 网络将大片区域的传感器数据在协调器汇总，并为数据分析和处理数据提供支持。

数据采集可以归纳为以下三种逻辑事件：

（1）节点定时采集数据并上报。

（2）节点接收到查询指令后立刻响应并反馈实时数据。

（3）能够远程设定节点传感器数据的更新时间。

二、实训目标

（1）掌握采集类传感器程序逻辑设计。

（2）掌握智云采集类程序应用框架。

（3）学习网络数据包的解析处理。

（4）了解光强传感器的使用。

三、实训环境

实训环境包括硬件环境、操作系统、开发环境、实训器材、实训配件，见表 2.4.1。

表 2.4.1　实训环境

项　目	具体信息
硬件环境	PC、Pentium 处理器、双核 2 GHz 以上、内存 4 GB 以上
操作系统	Windows 7 64 位及以上操作系统
开发环境	IAR For 8051 集成开发环境
实训器材	nLab 未来实训平台：智能网关、LiteB 节点（ZigBee）、Sensor-A 传感器
实训配件	SmartRF04EB 仿真器、USB 线、12 V 电源

四、实训步骤

1．理解农业光强系统设备选型

（1）农业光强信息采集硬件框图设计。如图 2.4.1 所示，光强检测使用了外接传感器，外接传感器使用的是 BH1750，通过 IIC 总线与 CC2530 ZigBee 芯片进行通信。

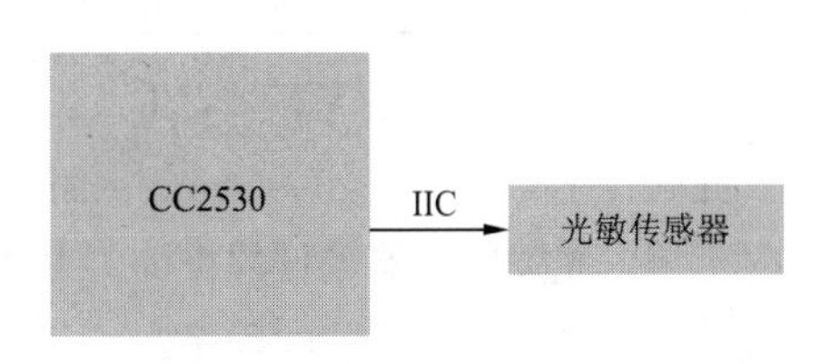

图 2.4.1　农业光强信息采集硬件框图设计

（2）硬件电路设计。如图 2.4.2 所示，BH1750F 传感器采用 IIC 总线，其中 SCL 连接到 CC2530 单片机的 P0_0 端口，SDA 连接到 CC2530 单片机的 P0_1 端口。

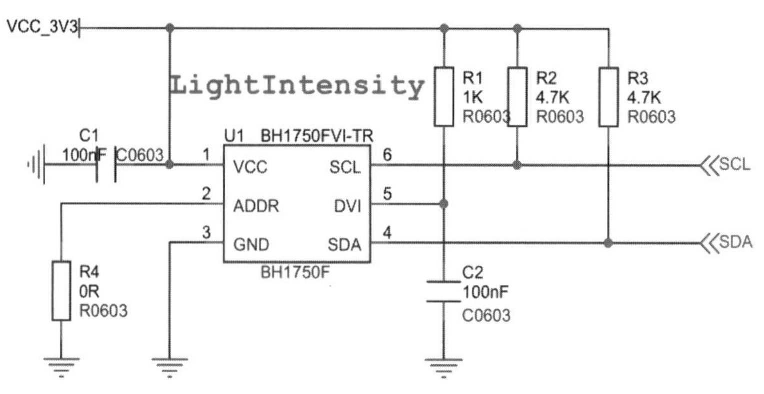

图 2.4.2 硬件电路设计

2. 编译、下载和运行程序，组网

（1）准备智能网关和 ZigBee 无线节点（接 Sensor-A 传感器）及相关 ZStack 协议栈工程。光强传感器节点实训工程为 ZigBeeLightIntensity。将实训代码中 05-ZigBee-LightIntensity 文件夹下的工程 ZigBeeLightIntensity 复制到 C:\stack\ZStack-CC2530-2.4.0-1.4.0\Projects\zstack\Samples 文件夹下。

进入协调器实训工程路径 C:\stack\ZStack-CC2530-2.4.0-1.4.0\Projects\zstack\Samples\Coordinator。

（2）参考前面的内容修改工程源码内协调器/无线节点的无线网络参数，重新编译程序，并下载到设备中。

（3）参考前面的内容将设备进行组网，并保证设备正常入网运行，数据通信正常。

3. 设计农业光强采集系统协议

光强传感器节点 ZigBeeLightIntensity 工程实现了农业光强采集系统，该程序实现了以下功能：

（1）节点入网后，每隔 20 s 上行上传一次光强传感器数值。

（2）应用层可以下行发送查询命令读取最新的光强传感器数值。

ZigBeeLightIntensity 工程采用类 josn 格式的通信协议（{[参数]=[值],{[参数]=[值],…}），具体见表 2.4.2。

表 2.4.2 通信协议

数据方向	协议格式	说　明
上行（节点往应用发送数据）	{lightIntensity=X}	X 表示采集的光强值
下行（应用往节点发送指令）	{lightIntensity=?}	查询光强值，返回：{lightIntensity=X}，X 表示采集的光强值

4. 采集类传感器程序调试

光强传感器节点 ZigBeeLightIntensity 工程采用智云传感器驱动框架开发，实现了光强传感器的定时上报、光强传感器数据的查询、无线数据包的封包 / 解包等功能。下面详细分析农业光强采集系统项目的采集类传感器的程序逻辑。

（1）传感器应用部分：在 sensor.c 文件中实现，包括光强传感器硬件设备初始化（sensorInit()）、光强传感器节点入网调用（sensorLinkOn()）、光强传感器实时数据上报（sensorUpdate()）、处理下行的用户命令（ZXBeeUserProcess()）、用户事件处理（MyEventProcess()）。函数及说明见表 2.4.3。

表 2.4.3　光强传感器应用函数及说明

函数名称	函数说明
sensorInit()	光强传感器硬件设备初始化
sensorLinkOn()	节点入网调用
sensorUpdate()	光强传感器实时数据上报
ZXBeeUserProcess()	处理下行的用户命令
MyEventProcess()	用户事件处理

（2）光强传感器驱动：在 BH1750.c 文件中实现，通过调用 IIC 驱动实现对光强传感器实时数据的采集。函数及说明见表 2.4.4。

表 2.4.4　光强传感器驱动函数及说明

函数名称	函数说明
bh1750_init()	光强传感器 BH1750 初始化
bh1750_get_data()	获取光强传感器 BH1750 实时光强数据
bh1750_read_nbyte()	连续读出光强传感器 BH1750 内部数据
bh1750_send_byte()	向光强传感器 BH1750 内部写入控制命令

（3）无线数据的收发处理：在 zxbee-inf.c 文件中实现，包括 ZigBee 无线数据的收发处理函数。

（4）无线数据的封包 / 解包：在 zxbee.c 文件中实现，封包函数有 ZXBeeBegin()、ZXBeeAdd(char* tag, char* val)、ZXBeeEnd(void)，解包函数有 ZXBeeDecodePackage(char *pkg, int len)。

（5）通过 IAR 工具和 SmartRF 仿真器调试 ZigBeeLightIntensity 工程，对上述函数设置断点（在需要设置断点的源码行单击按钮设置断点），理解程序的调用关系。通过工具菜单 View → Breakpoints 可以调取设置的断点窗口，如图 2.4.3 所示。

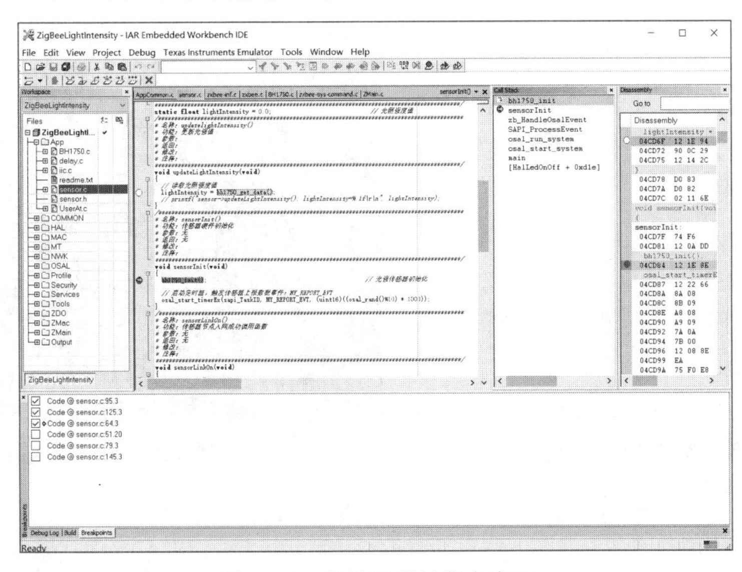

图 2.4.3　调取设置的断点窗口

5. 采集类传感器程序关系图

光强采集类传感器程序关系图如图 2.4.4 所示。

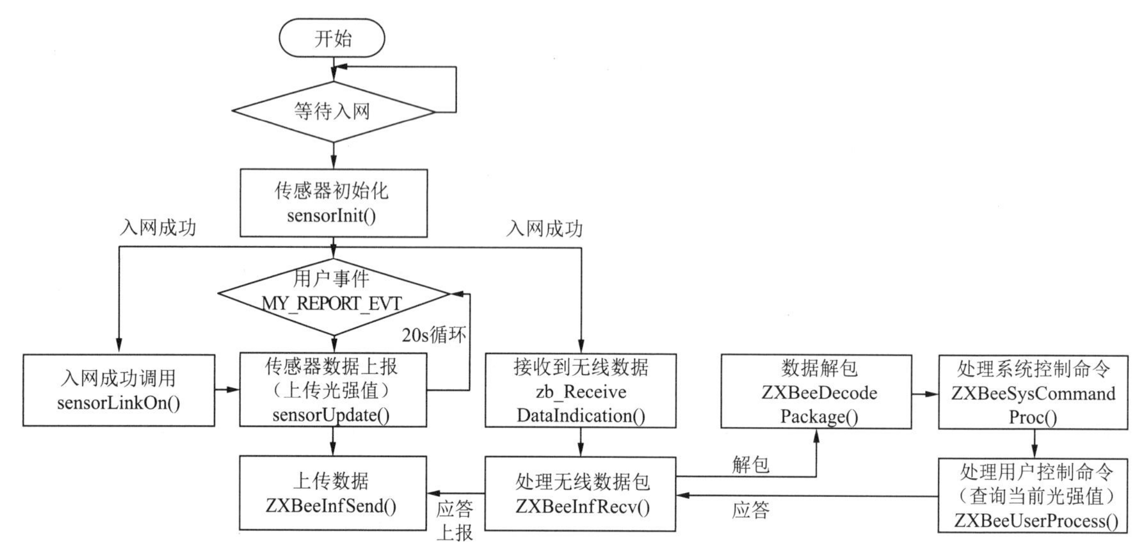

图 2.4.4　光强采集类传感器程序关系图

6. 农业光强采集系统测试

ZigBeeLightIntensity 工程实现了智慧农业项目光强传感器的 20 s 循环数据上报，并支持实时光照数据的下行查询。

（1）编译 ZigBeeLightIntensity 工程下载到光强传感器节点，与智能网关正确组网并配置网关服务连接到物联网云。

（2）通过 MiniUSB 线连接光强传感器节点到计算机，运行 xLabTools 工具查看节点接收到的数据，并通过 ZCloudTools 工具查看应用层数据。

根据程序设定，光强传感器节点每隔 20 s 会上传一次光强数据到应用层。同时，通过 ZCloudTools 工具发送光强查询指令（{lightIntensity=?}），程序接收到响应后将会返回实时光照值到应用层。

（3）通过手机“手电筒”应用可以改变光照传感器的数值变化。

（4）修改程序循环上报时间间隔，记录光照传感器光照值的变化。

光照传感器位置如图 2.4.5 所示，xLabTools 查看数据并上行发送数据如图 2.4.6 所示。

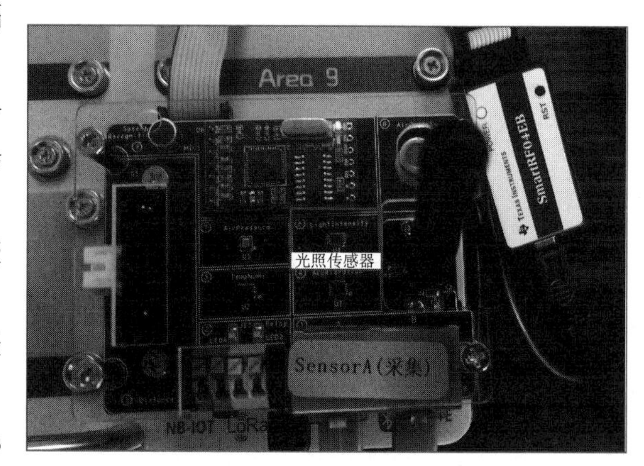

图 2.4.5　光照传感器位置

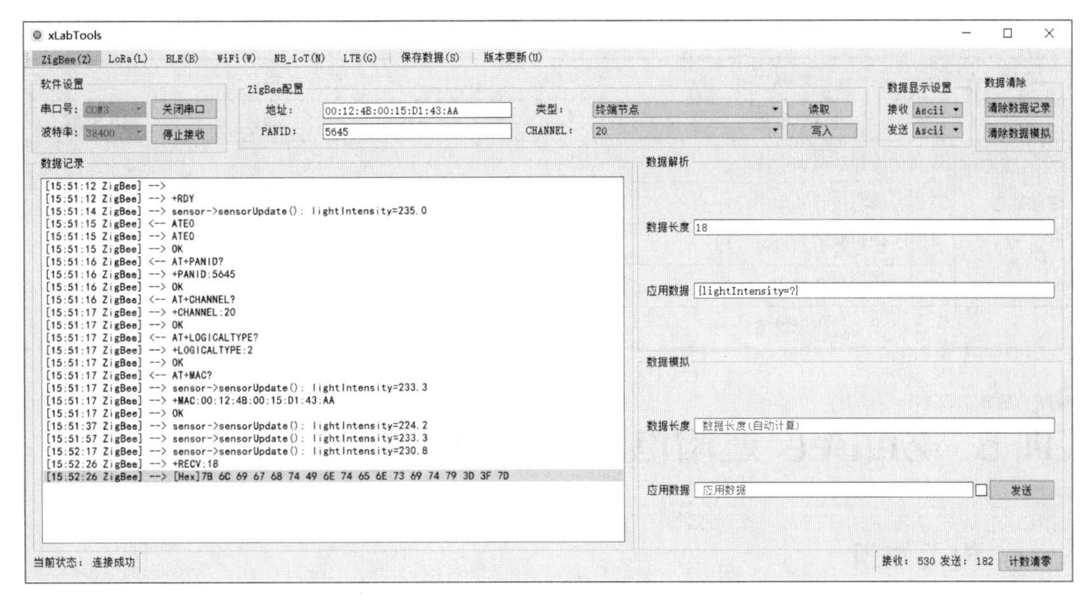

图 2.4.6　xLabTools 查看数据并上行发送数据

五、实训拓展

（1）修改程序，实现农业环境湿度传感器的数据采集。

（2）本实训在节点未入网情况下，也会循环采集数据并上传，此时应用是接收不到数据的，修改程序让节点入网后才采集数据。

（3）修改程序，实现当光照波动较大时才上传光照数据。

六、注意事项

（1）在没有 Sensor-A 传感器的情况下，可以通过 xLabTools 工具的数据模拟功能，设置模拟的“光照”数据进行定时上传。

（2）当节点仅通过仿真器供电启动时，由于电流不足，会导致传感器数据异常，此时需要将节点通过实训基板接入 12 V 供电（电源开关要按下）。

七、实训评价

过程质量管理见表 2.4.5。

表 2.4.5　过程质量管理

姓名			组名	
评分项目		分值	得分	组内管理人
通用部分 （40 分）	团队合作能力	10		
	实训完成情况	10		
	功能实现展示	10		
	解决问题能力	10		

续表

姓名			组名	
评分项目		分值	得分	组内管理人
专业能力（60 分）	设备的连接和实训操作	10		
	掌握采集类传感器程序设计	20		
	掌握数据包解析和封包处理	10		
	实训现象记录和描述	20		
过程质量得分				

实训 5　ZigBee 遮阳电动机控制系统

一、相关知识

ZigBee 的远程设备控制有很多场景可以使用如温室大棚遮阳板控制、家居环境灯光控制；城市排涝电动机控制；路障控制；厂房换气扇控制等。

针对控制节点，其主要的关注点还是要了解控制节点对设备控制是否有效，以及控制结果。控制类节点逻辑事件可分为以下三种：

（1）远程设备对节点发送控制指令，节点实时响应并执行操作。

（2）远程节点发送查询指令后，节点实时响应并反馈设备状态。

（3）控制节点设备工作状态的实时上报。

二、实训目标

（1）掌握控制类传感器程序逻辑设计。

（2）掌握智云控制类程序应用框架。

（3）学习网络数据包的解析处理。

（4）了解电动机传感器的使用。

三、实训环境

实训环境包括硬件环境、操作系统、开发环境、实训器材、实训配件，见表 2.5.1。

表 2.5.1　实训环境

项　目	具 体 信 息
硬件环境	PC、Pentium 处理器、双核 2 GHz 以上、内存 4 GB 以上
操作系统	Windows 7 64 位及以上操作系统
开发环境	IAR For 8051 集成开发环境
实训器材	nLab 未来实训平台：智能网关、LiteB 节点（ZigBee）、Sensor-B 传感器
实训配件	SmartRF04EB 仿真器、USB 线、12 V 电源

四、实训步骤

1．理解遮阳电动机系统设备选型

（1）遮阳电动机控制系统硬件框图如图 2.5.1 所示。CC2530 通过电动机驱动模块来控制步进电动机。

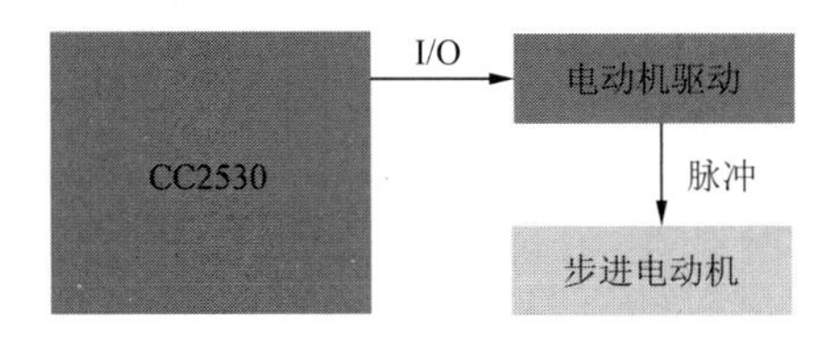

图 2.5.1　遮阳电动机控制系统硬件框图

（2）步进电动机驱动原理如图 2.5.2、图 2.5.3 所示。电动机驱动受三根线控制，分别为：使能信号线、脉冲控制线、方向控制线。电动机驱动输出具有节奏的脉冲信号控制步进电动机。

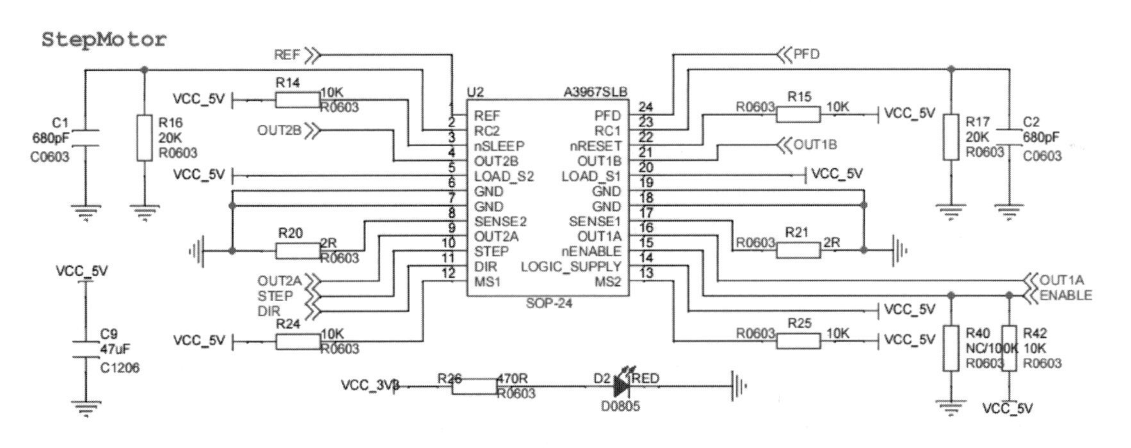

图 2.5.2　步进电动机驱动原理图 1

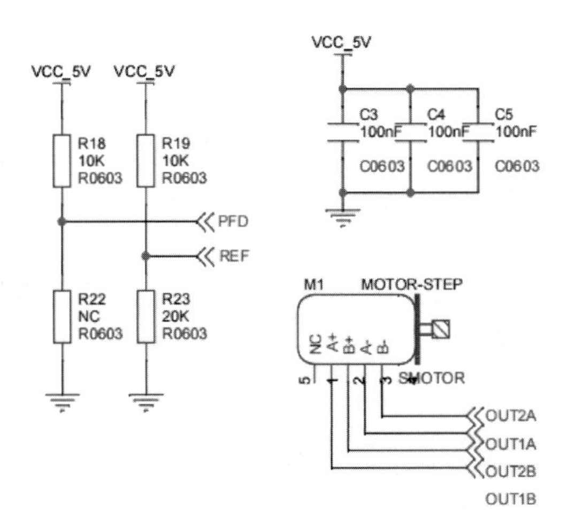

图 2.5.3　步进电动机驱动原理图 2

电路使用了 A3967SLB 驱动芯片来驱动步进电动机，那么步进电动机就由节拍控制更改为了三线控制，即使能信号线（ENALBE 连接到 CC2530 的 P0_2 脚）、方向控制线（DIR 连接到 CC2530 的 P0_1 脚）、脉冲控制线（STEP 连接到 CC2530 的 P0_0 脚）。

2．编译、下载和运行程序，组网

（1）准备智能网关和 ZigBee 无线节点（接 Sensor-B 传感器）及相关 ZStack 协议栈工程。电动机传感器节点实训工程为 ZigBeeMotor。将实训代码中 06-ZigBee-Motor 文件夹下的工程 ZigBeeMotor 复制到 C:\stack\ZStack-CC2530-2.4.0-1.4.0\Projects\zstack\Samples 文件夹下。

进入协调器实训工程路径 C:\stack\ZStack-CC2530-2.4.0-1.4.0\Projects\zstack\Samples\Coordinator。

（2）参考前面的内容修改工程源码内协调器/无线节点的无线网络参数，重新编译程序，并下载到设备中。

（3）参考前面的内容将设备进行组网，并保证设备正常入网运行，数据通信正常。

3．设计遮阳电动机控制系统协议

电动机传感器节点 ZigBeeMotor 工程实现了遮阳电动机控制系统，该程序实现了以下功能：

（1）节点入网后，每隔 20 s 上行上传一次电动机传感器电动机状态数值。

（2）应用层可以下行发送查询命令读取当前的电动机传感器电动机状态数值。

（3）应用层可以下行发送控制命令控制电动机传感器转动。

ZigBeeMotor 工程采用类 josn 格式的通信协议（{[参数]=[值],{[参数]=[值],…}），具体见表 2.5.2。

表 2.5.2 通信协议

数据方向	协议格式	说明
上行（节点往应用发送数据）	{motorStatus=X}	X 为 1 表示电动机正转状态；X 为 0 表示电动机反转状态
下行（应用往节点发送指令）	{motorStatus=?}	查询当前电动机状态，返回：{motorStatus=X}。X 为 1 表示电动机正转状态；X 为 0 表示电动机反转状态
下行（应用往节点发送指令）	{cmd=X}	电动机控制指令，X 为 1 表示控制电动机正转；X 为 0 表示控制电动机反转

4．控制类传感器程序调试

电动机传感器节点 ZigBeeMotor 工程采用智云传感器驱动框架开发，实现了电动机的远程控制、电动机当前状态的查询、电动机状态的循环上报、无线数据包的封包 / 解包等功能。下面详细分析遮阳电动机控制系统项目的控制类传感器的程序逻辑。

（1）传感器应用部分：在 sensor.c 文件中实现，包括电动机传感器硬件设备初始化（sensorInit()）、电动机传感器节点入网调用（sensorLinkOn()）、电动机传感器实时状态上报（sensorUpdate()）、电动机传感器控制（sensorControl()）、处理下行的用户命令（ZXBeeUserProcess()）、用户事件处理（MyEventProcess()）。具体见表 2.5.3。

表 2.5.3　电动机传感器应用函数及说明

函数名称	函数说明
sensorInit()	电动机传感器硬件设备初始化
sensorLinkOn()	电动机传感器节点入网调用
sensorUpdate()	电动机传感器实时状态上报
sensorControl()	电动机传感器控制
ZXBeeUserProcess()	处理下行的用户命令
MyEventProcess()	用户事件处理

（2）电动机传感器驱动：在 stepmotor.c 文件中实现，实现电动机硬件初始化、电动机正转、电动机反转等功能。函数及说明见表 2.5.4。

表 2.5.4　电动机传感器驱动函数及说明

函数名称	函数说明
stepmotor_init()	步进电动机传感器初始化
forward()	控制步进电动机正转
reversion()	控制步进电动机反转
step()	步进电动机单步转动一次

（3）无线数据的收发处理：在 zxbee-inf.c 文件中实现，包括 ZigBee 无线数据的收发处理函数。

（4）无线数据的封包/解包：在 zxbee.c 文件中实现，封包函数有 ZXBeeBegin()、ZXBeeAdd(char* tag, char* val)、ZXBeeEnd(void)，解包函数有 ZXBeeDecodePackage(char *pkg, int len)。

（5）通过 IAR 工具和 SmartRF 仿真器调试 ZigBeeMotor 工程，对上述函数设置断点（在需要设置断点的源码行单击按钮设置断点），理解程序的调用关系。通过工具菜单 View → Breakpoints 可以调取设置的断点窗口，如图 2.5.4 所示。

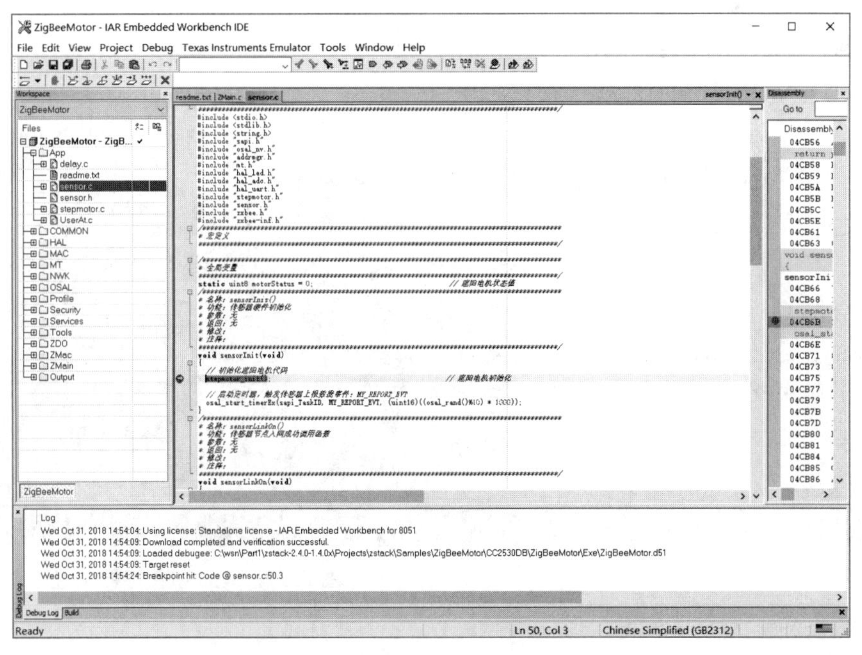

图 2.5.4　调取设置的断点窗口

5．控制类传感器程序关系图

电动机控制类传感器程序关系图如图 2.5.5 所示。

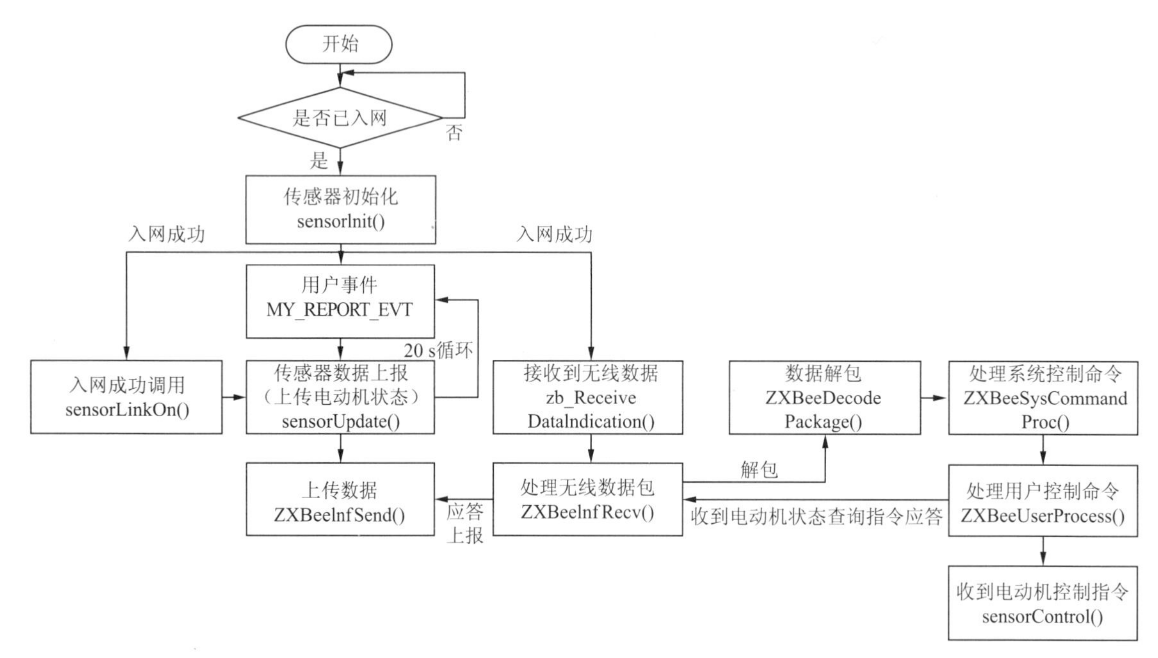

图 2.5.5　电动机控制类传感器程序关系图

6．遮阳电动机控制系统测试

ZigBeeMotor 工程实现了智慧农业项目电动机传感器的远程控制、状态上报、状态查询等功能。

（1）编译 ZigBeeMotor 工程下载到电动机传感器节点，与智能网关正确组网并配置网关服务连接到物联网云。

（2）通过 MiniUSB 线连接电动机传感器节点到计算机，运行 xLabTools 工具查看节点接收到的数据，并通过 ZCloudTools 工具查看应用层数据。

根据程序设定，电动机传感器节点每隔 20 s 会上传一次电动机状态到应用层。

（3）通过 ZCloudTools 工具发送电动机状态查询指令（{motorStatus=?}），程序接收到响应后将会返回当前电动机状态到应用层。

电动机传感器位置如图 2.5.6 所示。xLabTools 数据接收及上行发送数据如图 2.5.7 所示。

图 2.5.6　电动机传感器位置

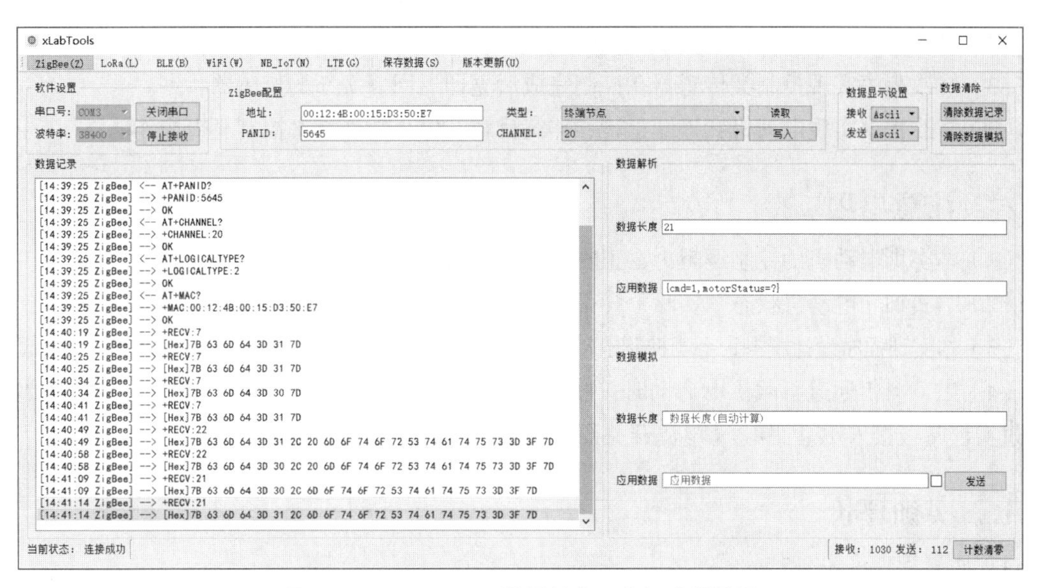

图 2.5.7　xLabTools 数据接收及上行发送数据

（4）通过 ZCloudTools 发送电动机控制指令（正转指令：{cmd=1}；反转指令：{cmd=0}），程序接收到响应后将会控制电动机相应的执行动作，如图 2.5.8 所示。

图 2.5.8　ZCloudTools 发送电动机控制指令

五、实训拓展

（1）修改程序，实现农业排风系统的风扇控制。

（2）思考控制类节点为什么要定时上报传感器状态。

（3）修改程序实现控制类传感器在控制完成后立即返回一次新的传感器状态。

（4）修改程序实现电动机：连续正转、连续反转、停止转动三态控制逻辑操作。

六、注意事项

（1）本实训电动机的控制逻辑为，正转/反转 5 s 后，停止转动。

（2）本实训“电动机状态”实际上含义为电动机上次控制指令的状态。

（3）本实训程序设计逻辑为：当控制电动机转动时，电动机状态发生改变时，电动机才会转动。

（4）当节点仅通过下载供电启动时，由于电流不足，会导致传感器数据异常，此时需要将节点通过实训基板接入 12 V 供电（电源开关要按下）。

七、实训评价

过程质量管理见表 2.5.5。

表 2.5.5　过程质量管理

姓名			组名	
评分项目		分值	得分	组内管理人
通用部分（40 分）	团队合作能力	10		
	实训完成情况	10		
	功能实现展示	10		
	解决问题能力	10		
专业能力（60 分）	设备的连接和实训操作	10		
	掌握控制类传感器程序设计	20		
	掌握数据包解析和封包处理	10		
	实训现象记录和描述	20		
过程质量得分				

实训 6　ZigBee 农业光强预警系统

一、相关知识

ZigBee 节点的报警功能有很多场景可以使用如家居非法人员闯入；大棚环境参数超过阈值；城市低洼涵洞隧道内涝预警；桥梁震动位移预警；车辆内人员滞留预警等。

远程信息预警可以归纳为以下四种逻辑事件：

（1）节点安全信息定时获取并上报。

（2）当节点监测到危险信息时系统能迅速上报危险信息。

（3）当危险信息解除时系统能够恢复正常。

（4）当监测到查询信息时，节点能够响应指令并反馈安全信息。

二、实训目标

（1）掌握安防类传感器程序逻辑设计。

（2）掌握智云安防类程序应用框架。

（3）学习网络数据包的解析处理。

（4）了解光强传感器阈值的使用。

三、实训环境

实训环境包括硬件环境、操作系统、开发环境、实训器材、实训配件，见表 2.6.1。

表 2.6.1 实训环境

项 目	具体信息
硬件环境	PC、Pentium 处理器、双核 2 GHz 以上、内存 4 GB 以上
操作系统	Windows 7 64 位及以上操作系统
开发环境	IAR For 8051 集成开发环境
实训器材	nLab 未来实训平台：智能网关、LiteB 节点（ZigBee）、Sensor-A 传感器
实训配件	SmartRF04EB 仿真器、USB 线、12 V 电源

四、实训步骤

1. 理解光强预警系统设备选型

（1）农业光强信息采集硬件框图设计。如图 2.6.1 所示。光强检测使用了外接传感器，外接传感器使用的是 BH1750，通过 IIC 总线与 CC2530 ZigBee 芯片进行通信。

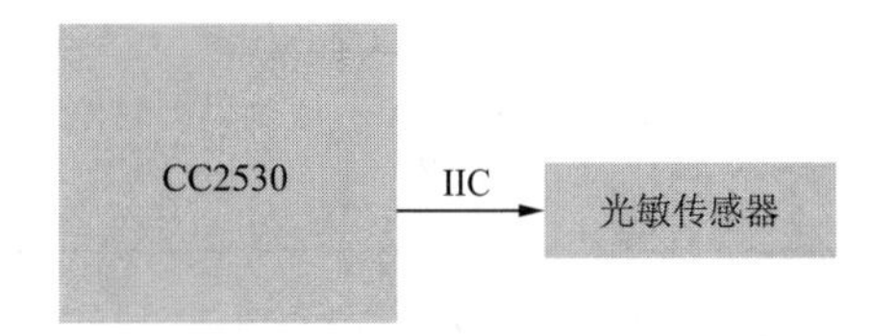

图 2.6.1 农业光强信息采集硬件框图

（2）硬件电路设计。如图 2.6.2 所示。BH1750 传感器采用 IIC 总线，其中 SCL 连接到 CC2530 单片机的 P0_0 端口，SDA 连接 CC2530 单片机的 P0_1 端口。

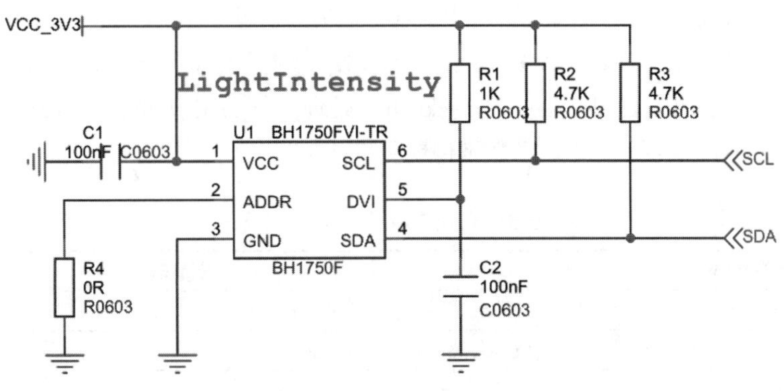

图 2.6.2 硬件电路设计

2．编译、下载和运行程序，组网

（1）准备智能网关和ZigBee无线节点（接Sensor-A传感器）及相关ZStack协议栈工程。光强传感器节点实训工程为ZigBeeLightFlag。将实训代码中07-ZigBee-LightFlag文件夹下的工程ZigBeeLightFlag复制到C:\stack\ZStack-CC2530-2.4.0-1.4.0\Projects\zstack\Samples文件夹下。

进入协调器实训工程路径C:\stack\ZStack-CC2530-2.4.0-1.4.0\Projects\zstack\Samples\Coordinator。

（2）参考前面的内容修改工程源码内协调器/无线节点的无线网络参数，重新编译程序，并下载到设备中。

（3）参考前面的内容将设备进行组网，并保证设备正常入网运行，数据通信正常。

3．设计农业光强预警系统协议

光强传感器节点ZigBeeLightFlag工程实现了农业光强预警系统，该程序实现了以下功能：

（1）节点入网后，每隔20 s上行上传一次光强传感器数值。

（2）程序每隔1 ms检测一次光强值，并判断光强值是否超过设定的阈值。若超过，则每隔3 s上传一次报警状态。

（3）应用层可以下行发送查询命令读取最新的光强传感器数值、光强过阈报警状态。

ZigBeeLightFlag工程采用类josn格式的通信协议（{[参数]=[值],{[参数]=[值],…}），具体见表2.6.2。

表2.6.2　通信协议

数据方向	协议格式	说　明
上行（节点往应用发送数据）	{lightIntensity=X} {lightStatus=Y}	X表示采集的光强值,Y表示光强的报警状态
下行（应用往节点发送指令）	{lightIntensity=?} {lightStatus=?}	（1）查询光强值，返回：{lightIntensity=X}，X表示采集的光强值。 （2）查询光强报警状态值，返回：{ lightStatus=Y}，Y为1表示光强值超过阈值；Y为0表示光强值正常

4．安防类传感器程序调试

光强预警传感器节点ZigBeeLightFlag工程采用智云传感器驱动框架开发，实现了光强阈值的实时监测和预警、光强当前光照值和报警状态的查询、光照当前光照值的循环上报、无线数据包的封包/解包等功能。下面详细分析光强预警项目中安防类传感器的程序逻辑。

（1）传感器应用部分：在sensor.c文件中实现，包括光强传感器硬件设备初始化（sensorInit()）、光强传感器节点入网调用（sensorLinkOn()）、光强传感器光强值和报警状态的上报（sensorUpdate()）、光强传感器预警实时监测并处理（sensorCheck()）、处理下行的用户命令（ZXBeeUserProcess()）、用户事件处理（MyEventProcess()）。函数及说明见表2.6.3。

表2.6.3　光强传感器应用函数及说明

函数名称	函数说明
sensorInit()	光强传感器硬件设备初始化
sensorLinkOn()	光强传感器节点入网调用

续表

函数名称	函数说明
sensorUpdate()	光强传感器光强值和报警状态的上报
sensorCheck()	光强传感器预警实时监测并处理
ZXBeeUserProcess()	处理下行的用户命令
MyEventProcess()	用户事件处理

（2）光强传感器驱动：在 BH1750.c 文件中实现，通过调用 IIC 驱动实现对光强传感器实时数据的采集。函数及说明见表 2.6.4。

表 2.6.4　光强传感器驱动函数

函数名称	函数说明
bh1750_init()	光强传感器 BH1750 初始化
bh1750_get_data()	获取光强传感器 BH1750 实时光强数据
bh1750_read_nbyte()	连续读出光强传感器 BH1750 内部数据
bh1750_send_byte()	向光强传感器 BH1750 内部写入控制命令

（3）无线数据的收发处理：在 zxbee-inf.c 文件中实现，包括 ZigBee 无线数据的收发处理函数。

（4）无线数据的封包 / 解包：在 zxbee.c 文件中实现，封包函数有 ZXBeeBegin()、ZXBeeAdd(char* tag, char* val)、ZXBeeEnd(void)，解包函数有 ZXBeeDecodePackage(char *pkg, int len)。

（5）通过 IAR 工具和 SmartRF 仿真器调试 ZigBeeLightFlag 工程，对上述函数设置断点（在需要设置断点的源码行单击按钮设置断点），理解程序的调用关系。通过工具菜单 View → Breakpoints 可以调取设置的断点窗口，如图 2.6.3 所示。

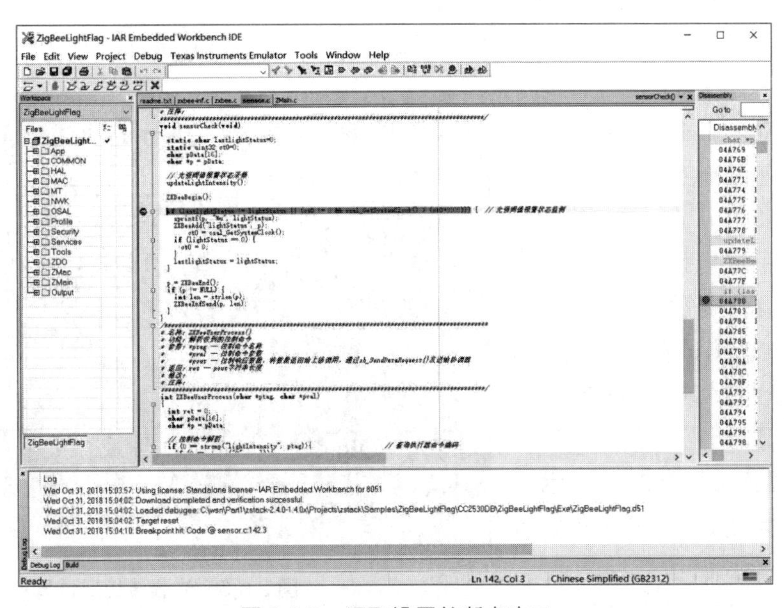

图 2.6.3　调取设置的断点窗口

5. 安防类传感器程序关系图

光强预警安防类传感器程序关系图如图 2.6.4 所示。

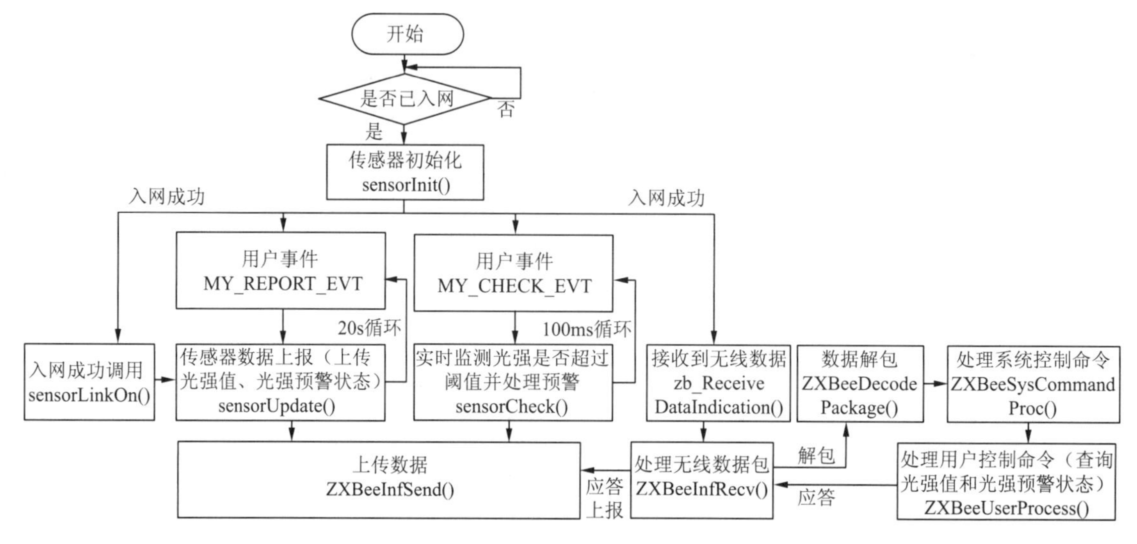

图 2.6.4　安防类传感器程序关系图

6. 农业光强预警系统测试

ZigBeeLightFlag 工程实现了智慧农业项目光强传感器数值和预警状态的 20 s 循环数据上报，实时监测光强值是否超过阈值并及时上报，并支持实时光照数据和预警状态的下行查询。

（1）编译 ZigBeeLightFlag 工程下载到光强传感器节点，与智能网关正确组网并配置网关服务连接到物联网云。

（2）通过 MiniUSB 线连接光强传感器节点到计算机，运行 xLabTools 工具查看节点接收到的数据，并通过 ZCloudTools 工具查看应用层数据。

根据程序设定，光强传感器节点每隔 20 s 会上传一次光强数值和预警状态到应用层。同时，通过 ZCloudTools 工具发送光强查询指令（{lightIntensity=?,lightStatus=?}），程序接收到响应后将会返回实时光照值和预警状态到应用层。

（3）通过手机“手电筒”应用可以改变光照传感器的数值变化。当光强值超过 800 lx 时，测试在 ZCloudTools 工具中每隔 3 s 会收到光强预警信息（{lightStatus=1}）。

光强传感器位置如图 2.6.5 所示。xLabTools 数据接收及上行发送数据如图 2.6.6 所示。

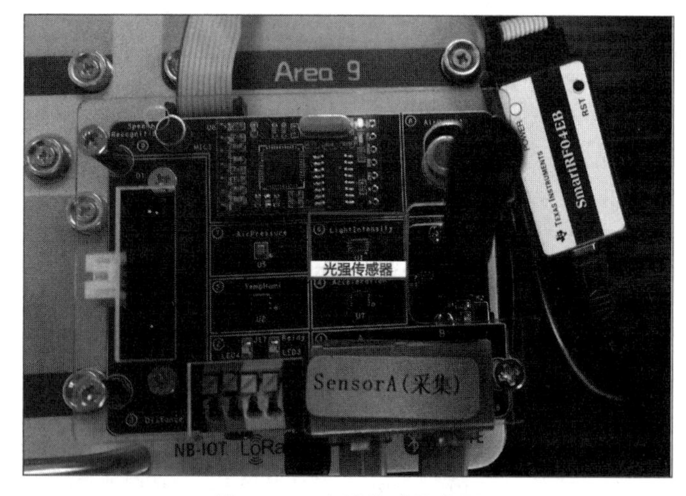

图 2.6.5　光强传感器位置

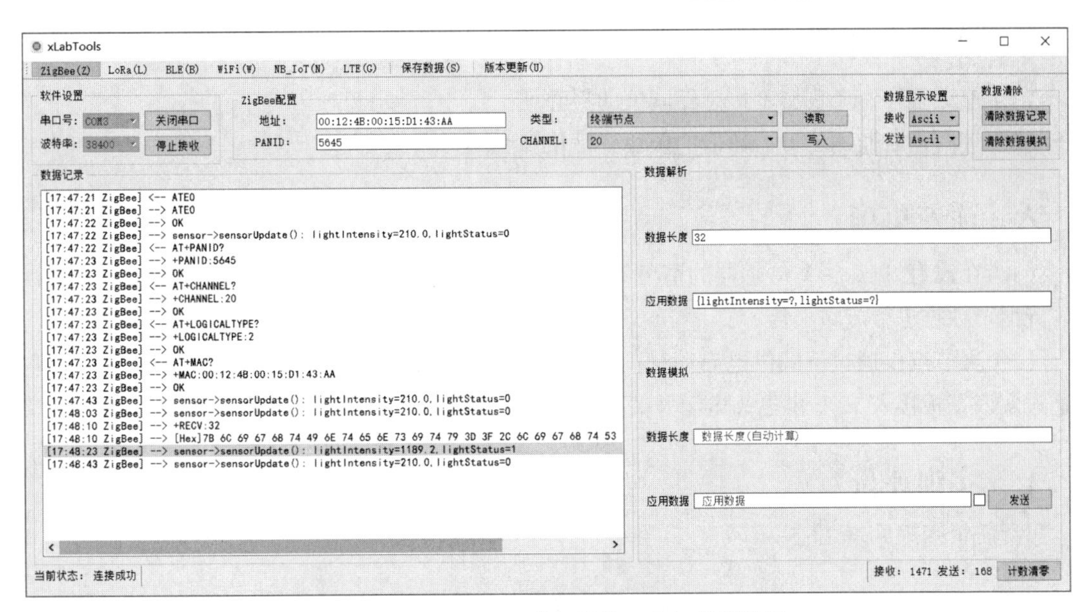

图 2.6.6　xLabTools 数据接收及上行发送数据

（4）通过手机“手电筒”应用改变光照传感器光照值的变化，理解安防类传感器的应用场景及报警函数的应用，如图 2.6.7 所示。

图 2.6.7　观察改变光照传感器光照值的变化

五、实训扩展

（1）修改程序，实现湿度传感器阈值的报警。

（2）理解实时监测传感器数值的函数，优化算法。

六、注意事项

（1）在没有 Sensor-A 传感器的情况下，可以通过 xLabTools 工具的数据模拟功能，设置模拟的“光照”数据进行定时上传。

（2）当节点仅通过下载供电启动时，由于电流不足，会导致传感器数据异常，此时需要将节点通过实训基板接入 12 V 供电（电源开关要按下）。

七、实训评价

过程质量管理见表 2.6.5。

表 2.6.5　过程质量管理

姓名			组名	
评分项目		分值	得分	组内管理人
通用部分（40 分）	团队合作能力	10		
	实训完成情况	10		
	功能实现展示	10		
	解决问题能力	10		
专业能力（60 分）	设备的连接和实训操作	10		
	掌握传感器预警程序设计	20		
	掌握数据包解析和封包处理	10		
	实训现象记录和描述	20		
过程质量得分				

单元 3

BLE 无线传感网系统设计

实训 1　BLE 无线传感网认知

一、相关知识

BLE 全称 Bluetooth Low Energy，即蓝牙低功耗，又称低功耗蓝牙。

从蓝牙 4.0 起，蓝牙开始包含两个标准，即经典型蓝牙和低功耗蓝牙。确切地说，蓝牙 4.0 以后，蓝牙就是一个双模的标准。

BLE 最大的特点是成本和功耗的降低，应用于功耗低，实时性要求比较高，但是数据速率比较低的产品。如遥控类的（鼠标、键盘）、传感设备的数据发送（心跳带、血压计、温度传感器）等。

二、实训目标

（1）掌握 BLE 组网过程。

（2）掌握 BLE 网络工具的使用。

（3）设计创意产品工作场景。

三、实训环境

实训环境包括硬件环境、操作系统、开发环境、实训器材、实训配件，见表 3.1.1。

表 3.1.1　实训环境

项　目	具体信息
硬件环境	PC、Pentium 处理器、双核 2 GHz 以上、内存 4 GB 以上
操作系统	Windows 7 64 位及以上操作系统
开发环境	IAR For 8051 集成开发环境
实训器材	nLab 未来实训平台：智能网关、3 × LiteB 节点（BLE）、Sensor-A/B/C 传感器
实训配件	SmartRF04EB 仿真器、USB 线、12 V 电源

四、实训步骤

1. 认识 BLE 硬件平台

（1）准备智能网关、三个 LiteB-BLE 节点、Sensor-A/B/C 传感器

经典型无线节点 ZXBeeLiteB：ZXBeeLiteB 经典型无线节点采用无线模组作为 MCU 主控，板载信号指示灯（包括电源指示灯、电池指示灯、网络指示灯、数据指示灯），两路功能按键，板载集成锂电池接口，集成电源管理芯片，支持电池的充电管理和电量测量；板载 USB 串口，Ti 仿真器接口，ARM 仿真器接口；集成两路 RJ-45 工业接口，提供主芯片 P0_0~P0_7 输出，硬件包含 IO、ADC3.3V、ADC5V、UART、RS-485、两路继电器等功能，提供两路 3.3 V、5 V、12 V 电源输出，如图 3.1.1 所示。

图 3.1.1　经典型无线节点 ZXBeeLiteB

智能网关和 Sensor-A/B/C 传感器介绍参见附录。

（2）阅读《产品手册-nLab》第 5 章内容，设置跳线并连接设备。

ZXBeeLiteB 节点跳线方式，如图 3.1.2 所示。

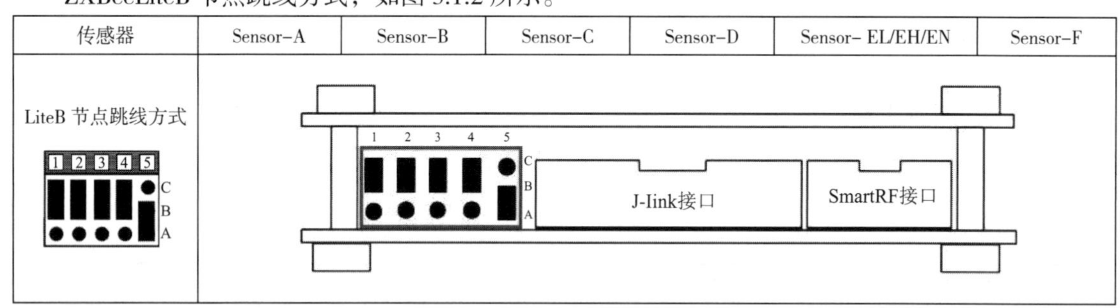

传感器	Sensor-A	Sensor-B	Sensor-C	Sensor-D	Sensor- EL/EH/EN	Sensor-F
LiteB 节点跳线方式						

图 3.1.2　ZXBeeLiteB 节点跳线

采集类传感器（Sensor-A）：无跳线。

控制类传感器（Sensor-B）：硬件上步进电动机和 RGB 灯复用，风扇和蜂鸣器复用。出厂默认选择步进电动机和风扇，则跳线按照丝印上说明，设置为⑧和⑦选通，如图 3.1.3 所示。

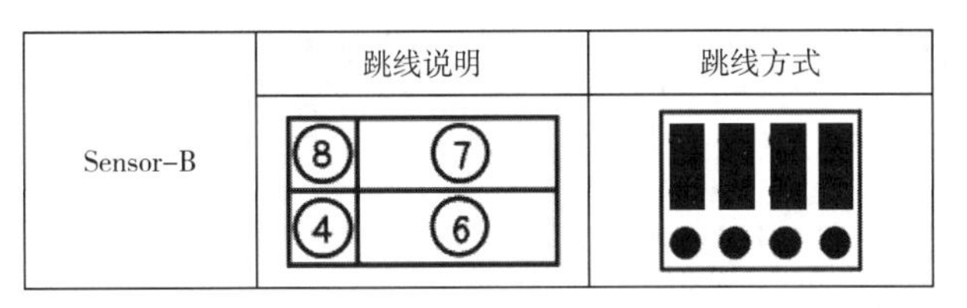

	跳线说明	跳线方式
Sensor-B	⑧ ⑦ ④ ⑥	

图 3.1.3　控制类传感器（Sensor-B）跳线

安防类传感器（Sensor-C）：硬件上人体红外和触摸复用，火焰、霍尔、振动和语音合成复用，出厂默认选择人体红外和火焰、霍尔、振动，则跳线按照丝印上说明，设置为⑦、⑨、⑩、④选通，如图 3.1.4 所示。

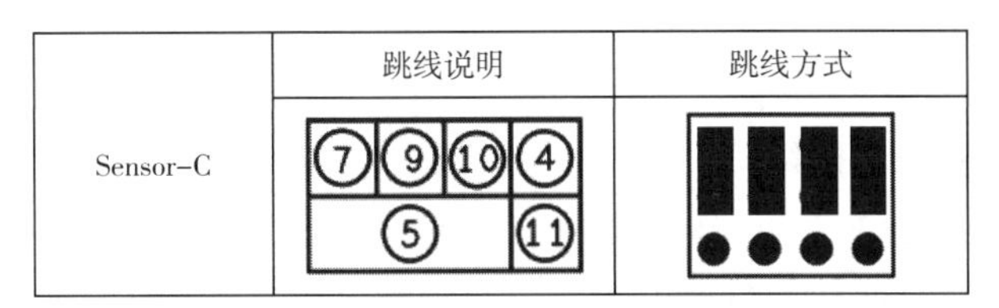

	跳线说明	跳线方式
Sensor-C	⑦ ⑨ ⑩ ④ ⑤ ⑪	

图 3.1.4　安防类传感器（Sensor-C）跳线

2．镜像固化

阅读《产品手册-nLab》第 6~7 章内容，掌握实训设备的出厂镜像固化和网络参数修改。

掌握 BLE 节点的镜像固化（分别刷 Sensor-A/B/C 传感器出厂镜像）。

3．BLE 组网及应用

1）BLE 网络构建过程

（1）准备一个智能网关，若干 BLE 节点和传感器。

（2）网关上电后，蓝牙主机开始侦听附近的广播。

（3）BLE 节点上电启动，节点开始发送广播，并最终与蓝牙主机（网关）建立连接。

（4）配置智能网关的网关服务程序，设置 BLE 传感网接入物联网云平台。

（5）通过应用软件连接到设置的 BLE 项目，与 BLE 设备进行通信。

阅读《产品手册-nLab》第 8~9 章内容，进行 BLE 组网和应用展示。

2）配置智能网关

智能网关上电。阅读《产品手册-nLab》第 8.1 节内容对网关进行配置。配置如图 3.1.5、图 3.1.6 所示。

图 3.1.5　网关配置 1

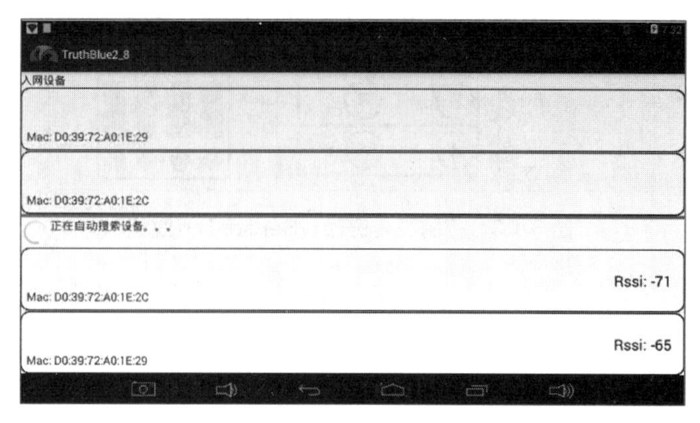

图 3.1.6　网关配置 2

3）连接设备并组建 BLE 网络

准备智能网关、LiteB-BLE 节点、传感器，接上天线，先上电启动智能网关让蓝牙主机创建网络，再将连接有传感器的 LiteB-BLE 节点上电（网络红灯闪烁后长亮表示加入网络成功）。硬件如图 3.1.7 所示。

图 3.1.7　硬件组网

4）应用综合体验

阅读《产品手册-nLab》第 9.3 节内容构建项目并通过 ZCloudTools 综合应用进行演示体验。ZCloudTools 综合应用演示体验如图 3.1.8 所示。

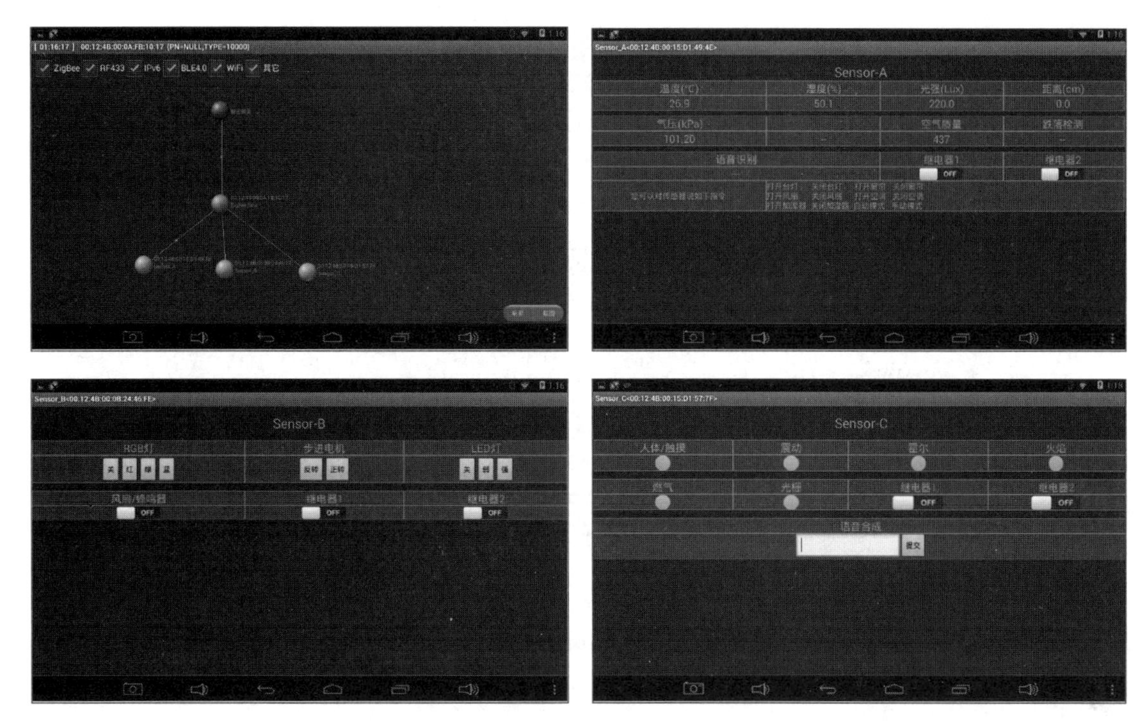

图 3.1.8 ZCloudTools 综合应用演示体验

4. BLE 组网异常分析

BLE 组网可能出现以下异常情况，可根据表 3.1.2 所示进行验证。

表 3.1.2 BLE 组网异常分析

序号	异常状况	组网状况	原因说明
1	网关先开机，其他节点再上电	正常组网（网络红灯先闪后长亮，有数据收发时数据绿灯闪）	
2	网关先开机，其他节点先上电，网关再上电	不能组网	（1）没有安装天线； （2）智云服务配置中，BLE 服务设置错误
3	节点上电一段时间后，网关再开机	不能组网	节点错过了组网窗口期，进入休眠状态
4	协调器不上电，节点上电	不能组网	因为没有协调器创建网络，节点无法找到网络入网

其他异常说明：

（1）当网关不开机，节点上电出现入网情况，则说明附近有其他网关开机，并在智云服务配置中打开了 BLE 服务配置。按照 3 步骤进行网络参数的修改。

（2）节点始终无法入网，则检查节点是否未接天线。

5. BLE 节点与 Android 移动终端通信

（1）Android 移动终端上，安装 TruthBlue 软件（路径：DISK-Packages\07- 物联网无线通信\CC2540 BLE\ BTQCode \BTQCode.apk），软件图标如图 3.1.9 所示。

（2）打开 BTQCode，开始搜索附近 BLE 节点，如图 3.1.10 所示。

图 3.1.9　软件图标

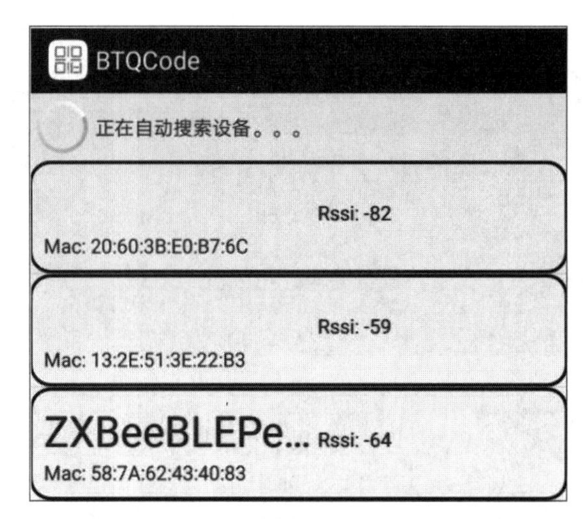

图 3.1.10　BTQCode 搜索附近 BLE 节点

（3）图 3.1.10 中，第三个 ZXBee 开头的节点，即为 LiteB-BLE 节点，单击可与之建立连接，连接成功后，LiteB-BLE 节点的红灯由闪烁变为长亮。单击名称为 unknow 的自定义特征值集，找到 ZXBee 特征值，如图 3.1.11、图 3.1.12 所示。

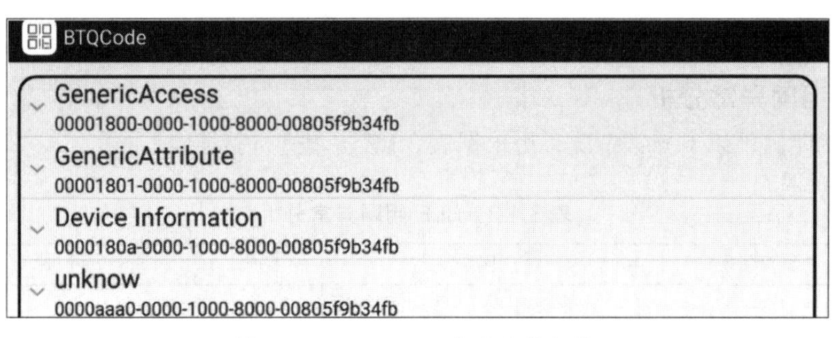

图 3.1.11　unknow 自定义特征值

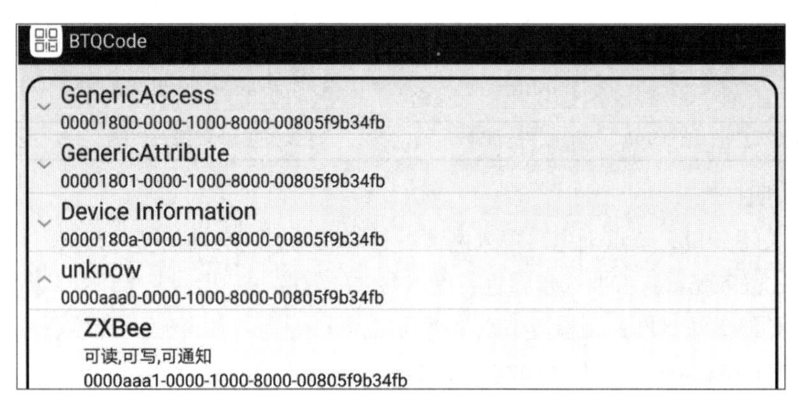

图 3.1.12　找到 ZXBee 特征值

（4）单击 ZXBee 特征值，对其进行读/写（发送和接收）操作，如图 3.1.13、图 3.1.14 所示。

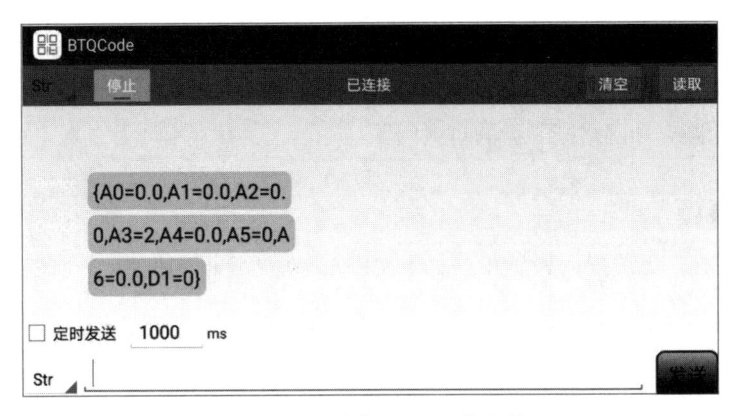

图 3.1.13　单击 ZXBee 特征值

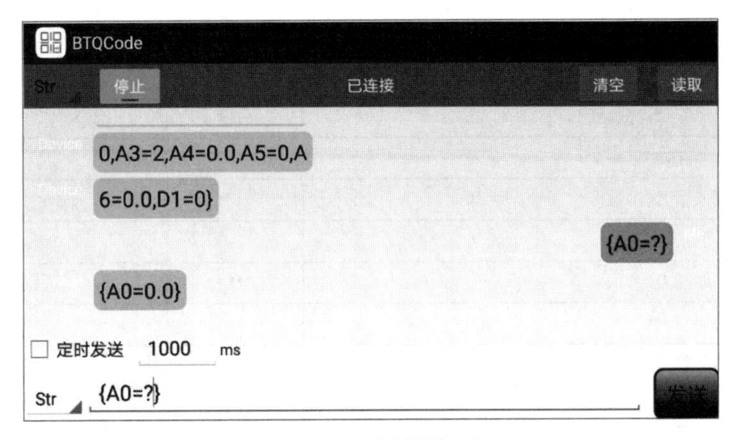

图 3.1.14　进行读/写

从图 3.1.13、图 3.1.14 的数据可知，蓝牙每个数据包长度最多为 20 字节，超过长度的数据需分包传输。

6. 理解创意产品场景

智能燃气检测系统中，燃气气压、燃气泄漏等状态通过气压传感器、可燃气体传感器等进行数据采集，汇聚到蓝牙后发送给用户手机。用户通过手机可实时查看燃气状态，有突发情况也可通过手机及时通知用户处理。智能燃气检测系统基本结构如图 3.1.15 所示。

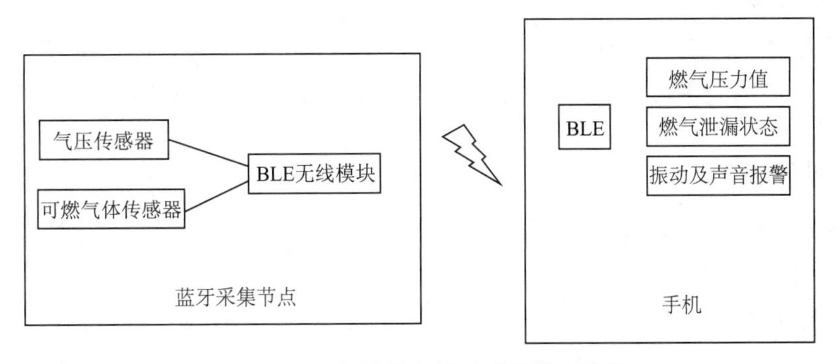

图 3.1.15　智能燃气检测系统基本结构

五、实训拓展

（1）多组学生测试最大网络节点容量。

（2）测试通信距离和网络断开后的自愈问题。

六、注意事项

在网络配置工具，无线接入设置中，如果 BLE4.0 配置后面的框打上了勾，则不能对 BLE4.0 进行配置。

七、实训评价

过程质量管理见表 3.1.3。

表 3.1.3　过程质量管理

姓名			组名	
评分项目		分值	得分	组内管理人
通用部分 （40 分）	团队合作能力	10		
	实训完成情况	10		
	功能实现展示	10		
	解决问题能力	10		
专业能力 （60 分）	设备连接与操作	10		
	程序的下载、安装和网络配置	10		
	掌握网络组网过程	20		
	实训现象的记录与描述	20		
过程质量得分				

实训 2　BLE 无线传感网工具

一、相关知识

BLE 无线网络实现芯片是采用得州仪器生产的 CC2540 BLE 芯片。CC2540 是一个超低功耗的真正系统单晶片，它整合了包含微控制器、主机端及应用程序在一个元件上。

二、实训目标

（1）了解 CC2540 BLE 芯片。

（2）了解 BLE 协议栈的使用。

（3）掌握 BLE 调试工具的使用。

三、实训环境

实训环境包括硬件环境、操作系统、开发环境、实训器材、实训配件，见表 3.2.1。

表 3.2.1 实训环境

项 目	具 体 信 息
硬件环境	PC 机 Pentium 处理器双核 2 GHz 以上，内存 4 GB 以上
操作系统	Windows7 64 位及以上操作系统
开发环境	IAR for 8051 集成开发环境
实训器材	nLab 未来实训平台：智能网关、3 × LiteB 节点（BLE）、Sensor-A/B/C 传感器
实训配件	SmartRF04EB 仿真器，12 V 电源

四、实训步骤

1. 理解 CC2540 BLE 硬件

CC2540 是得州仪器推出的单片蓝牙 4.0 解决方案，使用的 8051 CPU 内核是一个单周期的 8051 兼容内核。它有三种不同的内存访问总线（SFR、DATA 和 CODE/XDATA），单周期访问 SFR、DATA 和主 SRAM。它还包括一个调试接口和一个 18 输入扩展中断单元。中断控制器总共提供了 18 个中断源，分为 6 个中断组，每个中断都与 4 个中断优先级相关。当设备从活动模式回到空闲模式，任一中断服务请求就被激发。一些中断还可以从睡眠模式（供电模式 1–3）唤醒设备。CC2540 最小系统如图 3.2.1 所示。

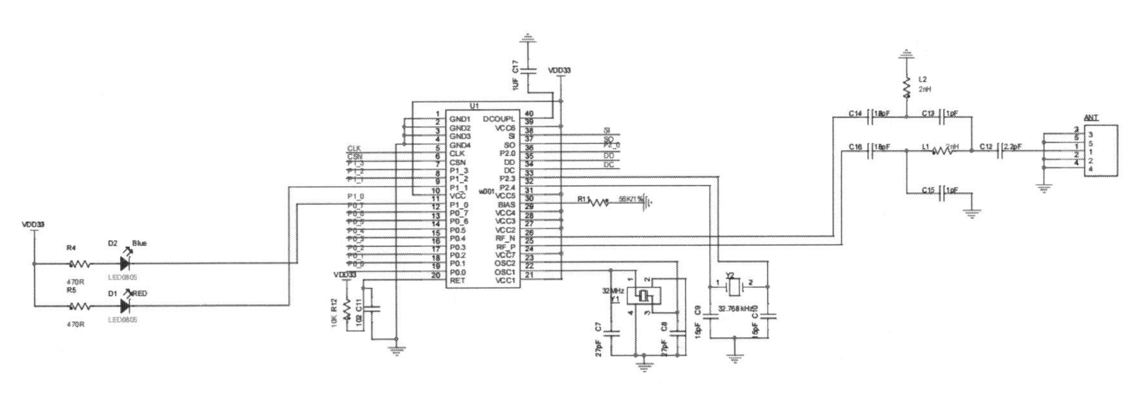

图 3.2.1 CC2540 最小系统

2. BLE 协议栈的安装、调试和下载

1）BLE 协议栈安装

（1）BLE 协议栈安装文件为“DISK-xLabBase\02-软件资料\02-无线节点”文件夹中的 BLE-CC254x-140x-IAR.zip。

（2）将 BLE-CC254x-140x-IAR.zip 解压后建议复制到计算机 C:\stack 文件夹中。

2）BLE 协议栈工程

（1）BLE 协议栈默认工程路径为 C:\stack\BLE-CC254x-140x-IAR\Projects\ble\SimpleBLEPeripheral-ZXBee，如图 3.2.2 所示。

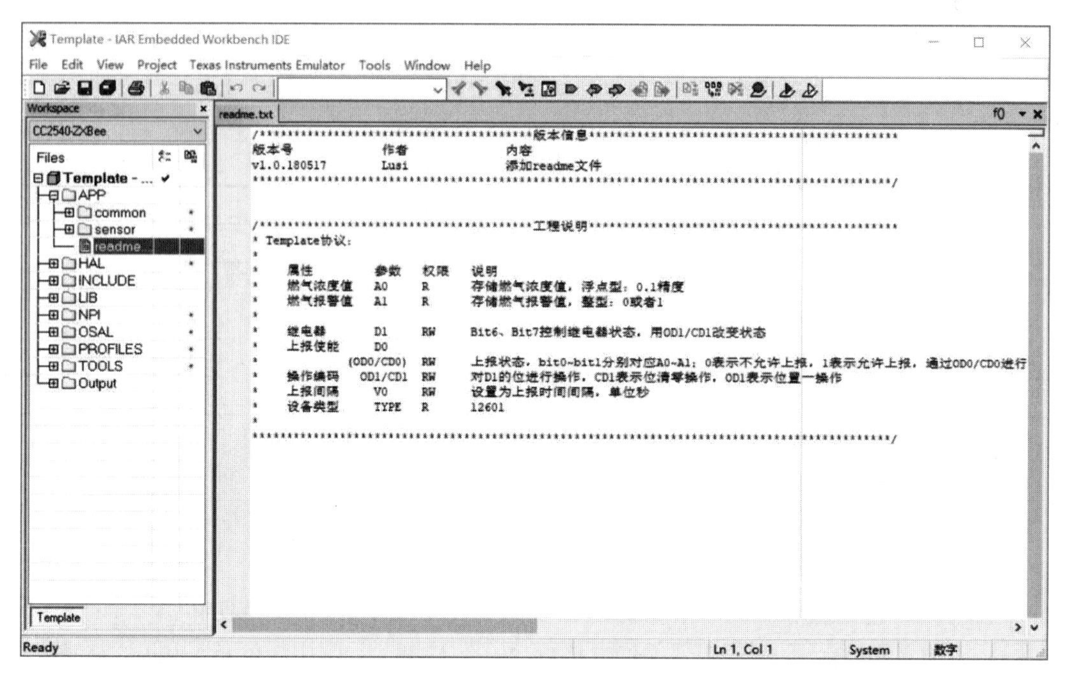

图 3.2.2　打开工程

（2）协议栈内置 Template 工程，运行文件 Template\Template.eww 可打开工程，该工程是一个简单的示例程序。

（3）本节实训目录下包含出厂镜像的节点工程源码，包括 sensor-a/b/c/d/el/eh/f 传感器的程序，使用时需要将工程文件夹复制到 C:\stack\BLE-CC254x-140x-IAR\Projects\ble\SimpleBLEPeripheral-ZXBee 目录下打开使用，如图 3.2.3 所示。

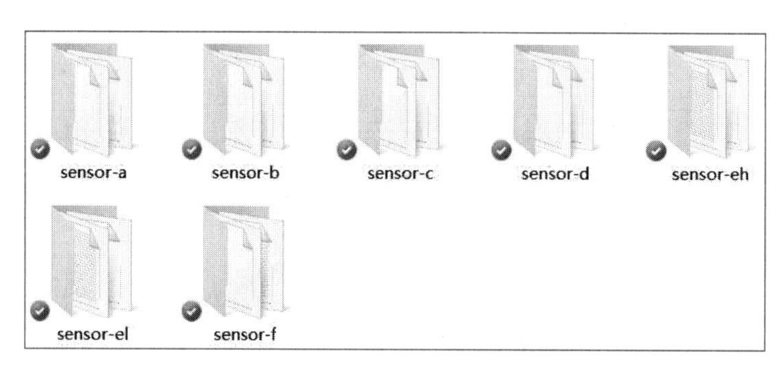

图 3.2.3　目录

（4）每个工程内有 ReadMe 文件，通过阅读该文件可以了解相关通信协议说明。

3）ZStack 协议栈编译、调试

以 Template 工程为例，运行文件 Template\Template.eww 可打开工程。

（1）编译工程：选择 Project → Rebuild All。或者直接单击工具栏中的 make 按钮。编译成功后会在该工程的 Template\Template\Exe 目录下生成 Template.d51 和 Template.hex 文件。

（2）调试 / 下载：正确连接 SmartRF04 下载到 PC 和 LiteB-BLE 节点，打开节点电源（上电），按下 SmartRF04 仿真器上的复位按键，选择 Project → Download and Debug 或者直接单击工具栏的下载按钮 将程序下载到节点，程序下载成功后 IAR 自动进入调试界面，如图 3.2.4 所示。

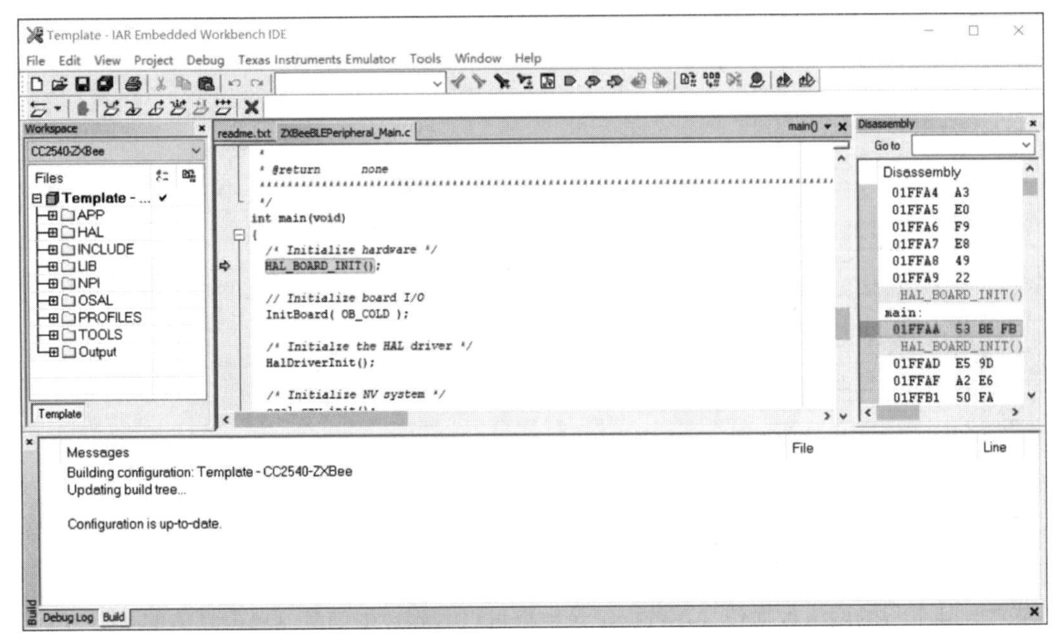

图 3.2.4　程序下载后自动进入调试界面

（3）进入到调试界面后，就可以对程序进行调试了。IAR 的调试按钮包括如下几个选项：重置按钮（Reset）、终止按钮（Break）、跳过按钮（Step Over）、跳入函数按钮（Step Into）、跳出函数按钮（Step Out）、下一条语句按钮（Next Statement）、运行到光标的位置按钮（Run to Cursor）、全速运行按钮（Go）和停止调试按钮（Stop Debugging）。在调试的过程中，也可以设置断点和通过其他调试窗口进行程序跟踪和数据的观察。

4）BLE 协议栈程序下载

可以通过 IAR 工具和 FlashProgrammer 工具对节点进行程序镜像下载。

（1）通过 IAR 打开工程文件，选择 Project → Download and Debug 或者直接单击工具栏的下载按钮 即可将程序下载到节点。

（2）运行 Flash Programmer 软件，也可以将程序下载到节点，详细步骤请阅读《产品手册 -nLab》第 10.4 节内容。

3. 智云数据分析工具

（1）智云数据分析工具包含 xLabTools 和 ZCloudTools，分别对应硬件层数据调试和应用层数据调试。

① xLabTools 工具：通过 USB 线连接 ZXBeeLite 节点到计算机，运行 xLabTools 工具连入该节点的串口观察节点信息，如图 3.2.5 所示。

可读取节点的网络信息（地址、入网状态）。

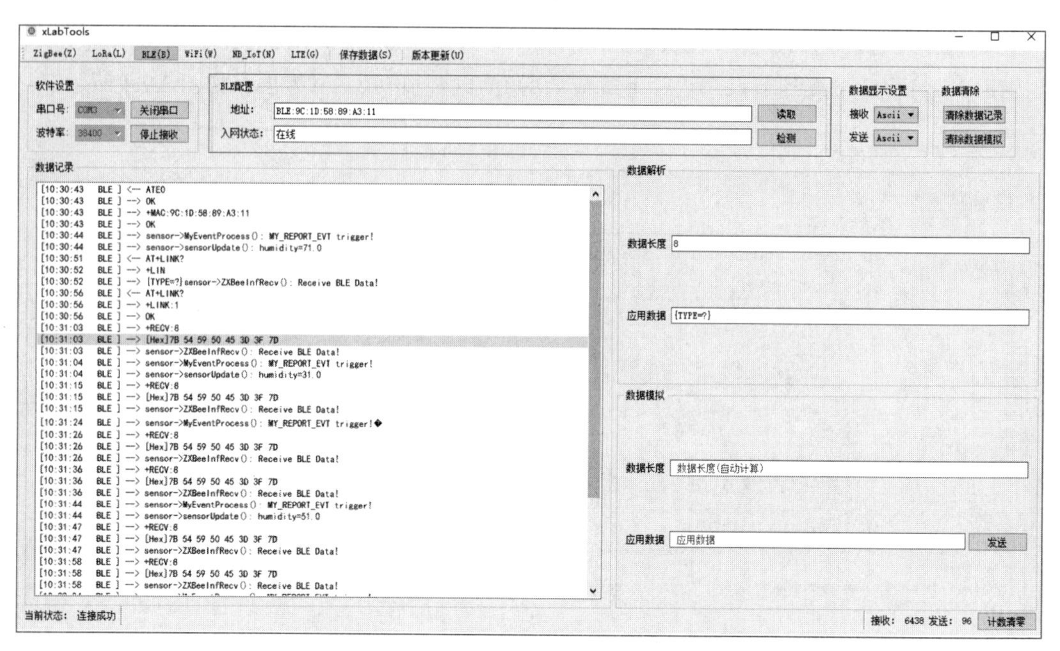

图 3.2.5 xLabTools 观察节点信息

节点收到下行的网络数据包，在数据记录窗口可以看到数据信息，单击具体的数据包，可以在“数据解析”栏对数据包进行详细分析，如图 3.2.6 所示。

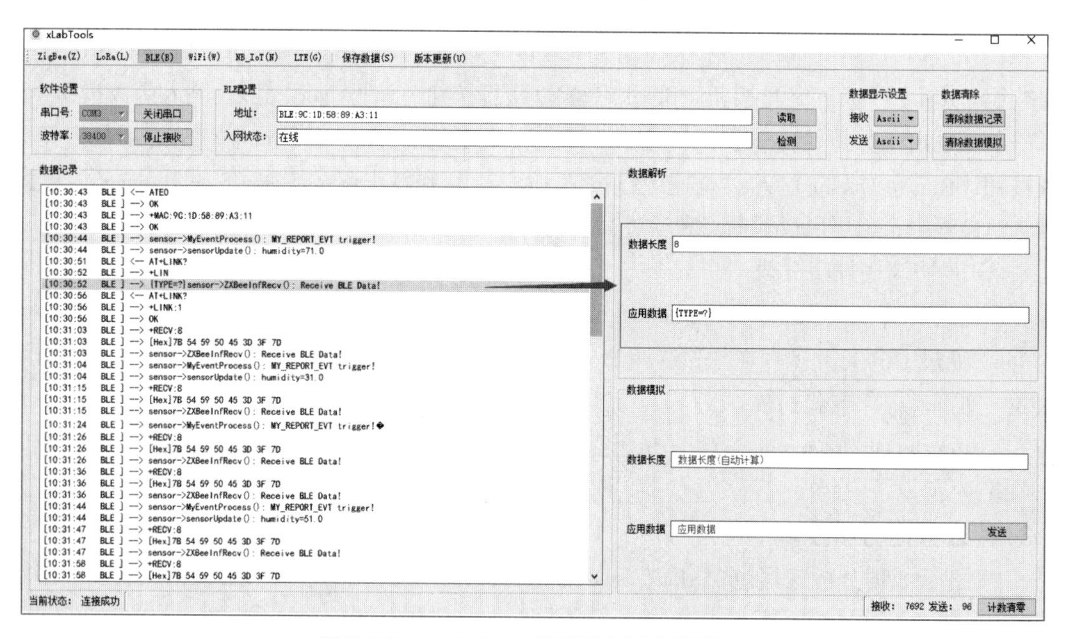

图 3.2.6 xLabTools 解析下行网络数据包

② ZCloudTools 工具：

a. 当 BLE 设备组网成功，并且正确设置智能网关将数据连接到云端，此时可以通过 ZCloudTools 工具抓取和调试应用层数据。（ZCloudTools 包含 Android 和 Windows 两个版本。）

b. ZCloudTools 可查看网络拓扑图，了解设备组网状态。

c. ZCloudTools 可查看网络数据包，支持下行发送控制命令，如图 3.2.7、图 3.2.8 所示。

图 3.2.7　ZCloudTools 查看网络数据包

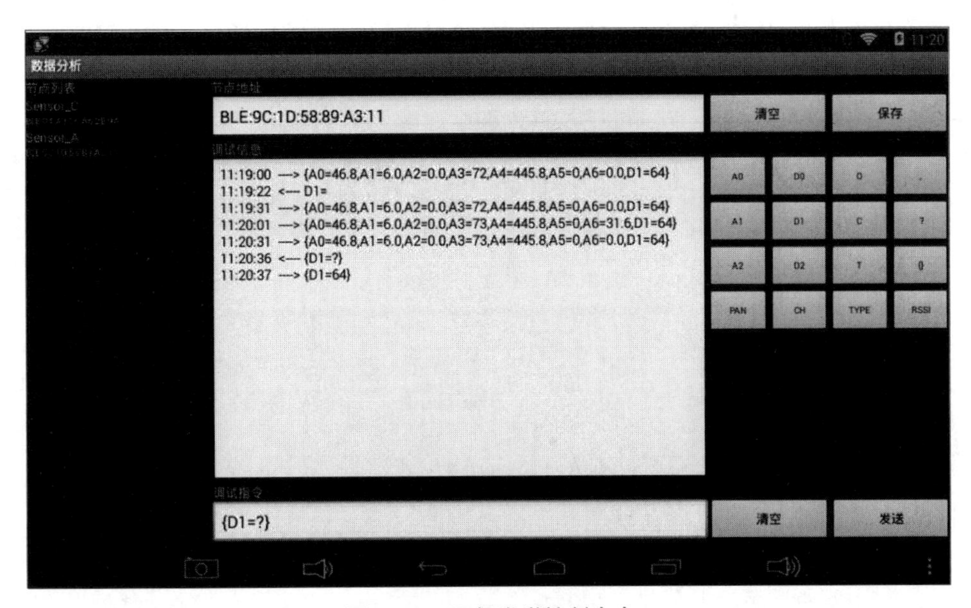

图 3.2.8　下行发送控制命令

（2）选择 BLE 设备构建智慧家庭应用场景。通过智云数据分析工具对网络数据进行跟踪和调试。

① 选择 Sensor-A/B/C 传感器，模拟智慧家庭系统（温湿度传感器）、灯光控制系统（LED 灯）。

② Sensor-A 传感器默认 30 s 上传一次数据，通过 ZCloudTools 工具可以观察到数据及其变化（通过手触摸改变温度值 A0 变化），如图 3.2.9、图 3.2.10 所示。

图 3.2.9　ZCloudTools 观察数据及其变化

③ 如图 3.2.11 所示，Sensor-B 传感器 LED 控制指令为：LED 关（{OD1=0}）、LED 弱（{OD1=16}）、LED 强（{OD1=48}）。可通过 ZCloudTools 工具发送控制指令，观察 LED 亮灭现象，如图 3.2.10、图 3.2.11 所示。

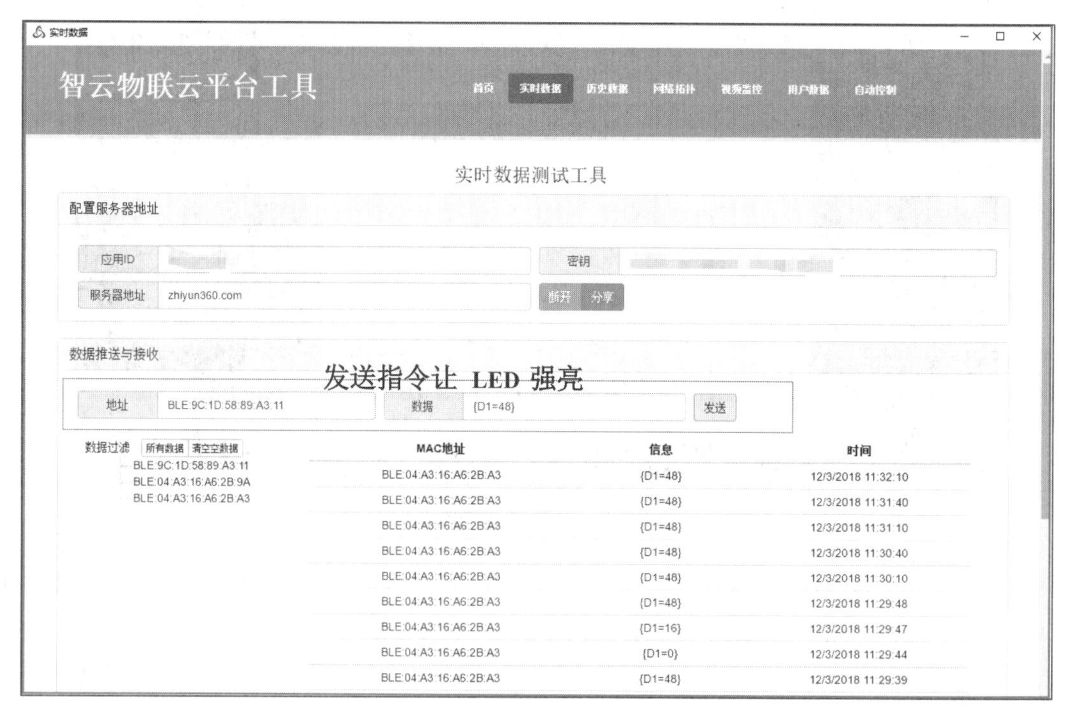

图 3.2.10　ZCloudTools 下行发送指令

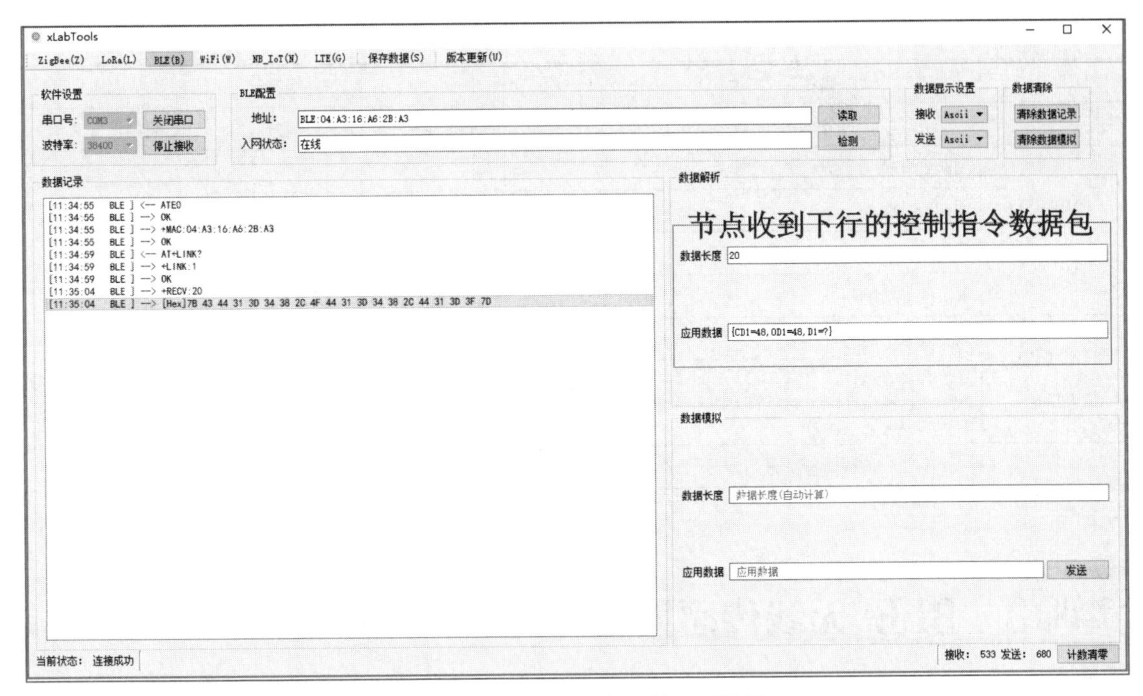

图 3.2.11　接收下行数据并分析数据

五、实训拓展

（1）思考一下蓝牙网络通信协议的数据格式是如何设计的。

（2）阅读《产品手册–nlab》第 12 章，理解智云传感器协议。

六、注意事项

（1）IAR 程序调试时，如果发生错误，可以尝试按下 SmartRF 上的复位按键或者尝试重新插拔。

（2）IAR 处于调试状态时，下载处于占用状态，此时使用 FlashProgrammer 工具烧写程序时会出错，需要先将 IAR 从调试状态停止后才能使用。

（3）在使用智云服务配置工具时，在 BLE4.0 配置的时候，一定要等到节点 D1 灯保持长亮才表明蓝牙连接成功。

（4）在使用智云服务器配置工具时，在无线接入将蓝牙设备添加进去后，再开启远程服务。

（5）当使用云服务时，开启远程服务时，要求网关和应用终端连接互联网，并使用 android 智能网关内置的 ID/KEY；当开启本地服务时，要求网关和应用终端连接到同一局域网，此时应用（包括 ZCloudTools 工具）的服务地址为网关的 IP 地址。

七、实训评价

过程质量管理见表 3.2.2。

表 3.2.2　过程质量管理

姓名			组名	
评分项目		分值	得分	组内管理人
通用部分（40 分）	团队合作能力	10		
	实训完成情况	10		
	功能实现展示	10		
	解决问题能力	10		
专业能力（60 分）	设备连接与操作	10		
	掌握各种调试工具的使用	25		
	实训现象记录与描述	25		
过程质量得分				

实训 3　BLE 无线传感网程序分析

一、相关知识

得州仪器提供的 BLE 协议栈是一个用于实现 BLE 网络功能的完整系统。为了实现 BLE 网络协议的组建与任务调度，此协议栈内置了嵌入式操作系统。BLE 协议栈可以理解为就是一个基于轮转查询式的操作系统。整个 BLE 协议栈的任务调度都是在操作系统上完成的。

二、实训目标

（1）掌握 BLE 程序框架。

（2）掌握用户接口的调用。

（3）理解关键函数的使用。

三、实训环境

实训环境包括硬件环境、操作系统、开发环境、实训器材、实训配件，见表 3.3.1。

表 3.3.1　实训环境

项　目	具 体 信 息
硬件环境	PC、Pentium 处理器、双核 2 GHz 以上、内存 4 GB 以上
操作系统	Windows 7 64 位及以上操作系统
开发环境	IAR For 8051 集成开发环境
实训器材	nLab 未来实训平台：智能网关、LiteB 节点（BLE）
实训配件	SmartRF04EB 仿真器、USB 线、12 V 电源

四、实训步骤

1. 编译、下载和运行程序，组网

（1）准备智能网关和 BLE 无线节点及相关 BLE 协议栈工程：无线节点实训工程为 BLEApiTest。将实训代码中 10-BLE-Api 文件夹下的 BLEApiTest 复制到 C:\stack\BLE-CC254x-140x-IAR\Projects\ble\SimpleBLEPeripheral-ZXBee 文件夹下。

（2）打开实训代码中 BLEApiTest 目录下的 BLEApiTest.eww 工程，编译并下载到 LiteB-BLE 节点。

（3）参考前面的内容将设备进行组网，并保证设备正常入网运行，数据通信正常。

2. BLE 协议栈框架关键函数调试

（1）阅读节点工程 BLEApiTest 内源码文件：ZXBeeBLEPeripheral_Main.c，掌握 BLE 框架程序的调用。ZXBeeBLEPeripheral_Main.c 函数说明见表 3.3.2。

表 3.3.2　ZXBeeBLEPeripheral_Main.c 函数说明

函数名称	函数说明
HAL_BOARD_INIT ()	初始化硬件
InitBoard ()	初始化板载 I/O
HalDriverInit ()	初始化硬件驱动
osal_snv_init ()	初始化非易失性系统
osal_init_system ()	初始化操作系统
HAL_ENABLE_INTERRUPTS()	使能中断
InitBoard()	板载最终初始化
osal_pwrmgr_device()	电源管理选项
osal_start_system()	启动操作系统

（2）阅读节点工程 BLEApiTest 内源码文件：sensor.c。sensor.c 函数说明见表 3.3.3，理解传感器应用的设计。

表 3.3.3　sensor.c 函数说明

函数名称	函数说明
sensorInit()	传感器硬件初始化
sensorLinkOn ()	节点入网成功操作函数
sensorUpdate()	传感器数据定时上报
sensorControl()	传感器 / 执行器控制函数
ZXBeeInfRecv()	解析接收到的传感器控制命令函数
MyEventProcess()	自定义事件处理函数，启动定时器触发事件 MY_REPORT_EVT

（3）通过 IAR 工具和 SmartRF 仿真器调试 BLEApiTest 工程，对上述函数设置断点（在需要设置断点的源码行单击按钮设置断点），理解程序的调用关系。通过工具菜单 View → Breakpoints 可以调取设置的断点窗口，如图 3.3.1 所示。

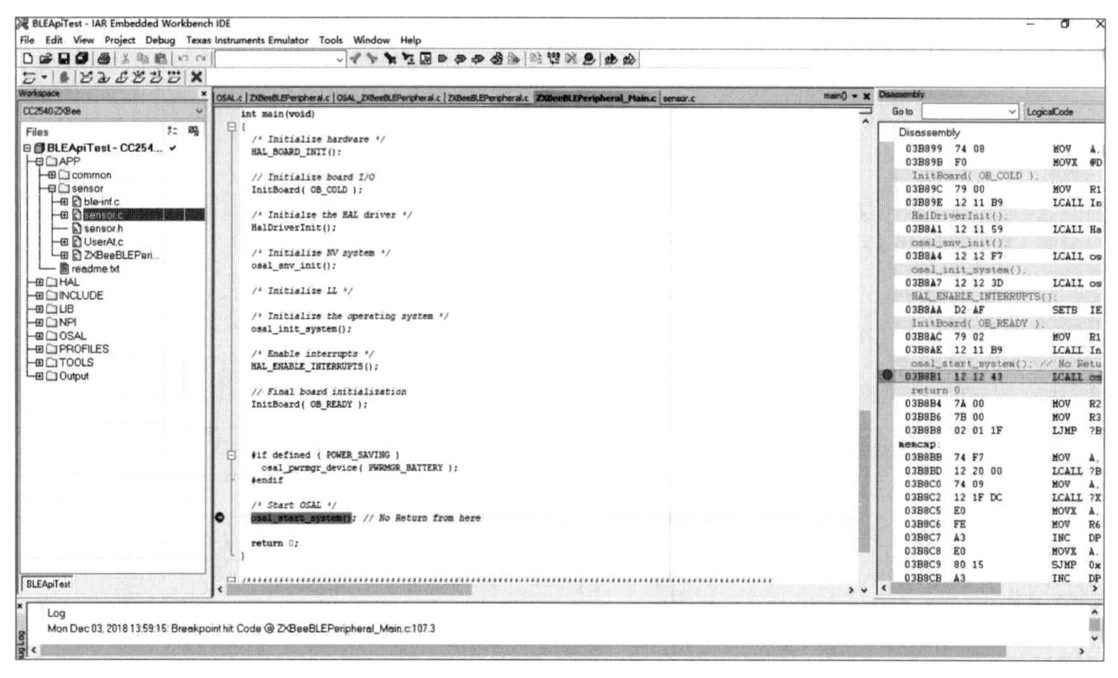

图 3.3.1　调取设置的断点窗口

（4）通过 IAR 工具和 SmartRF 仿真器调试 BLEApiTest 工程，在调试状态选择 View → Call Stack，配合断点跟踪程序的调用关系，如图 3.3.2 所示。

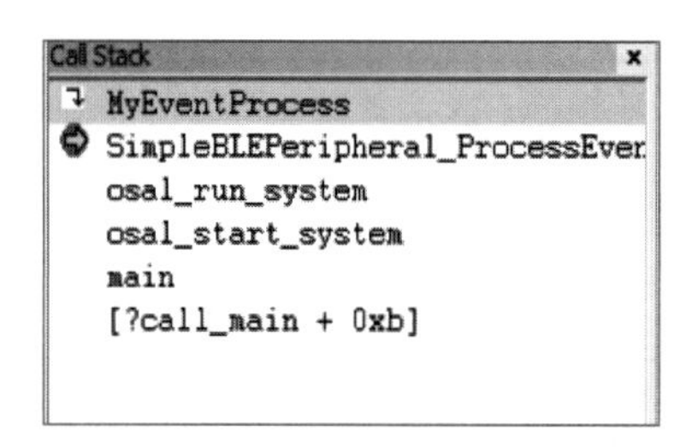

图 3.3.2　跟踪程序的调用关系

3．了解操作系统启动过程

关键函数：

osal_init_system() 函数：初始化操作系统，调用 osalInitTasks（ ）函数初始化任务（task）。

osal_start_system() 函数：启动操作系统，调用事件（events）定义 tasksArr[idx] 数组，事件与任务一一对应，如图 3.3.3 所示。

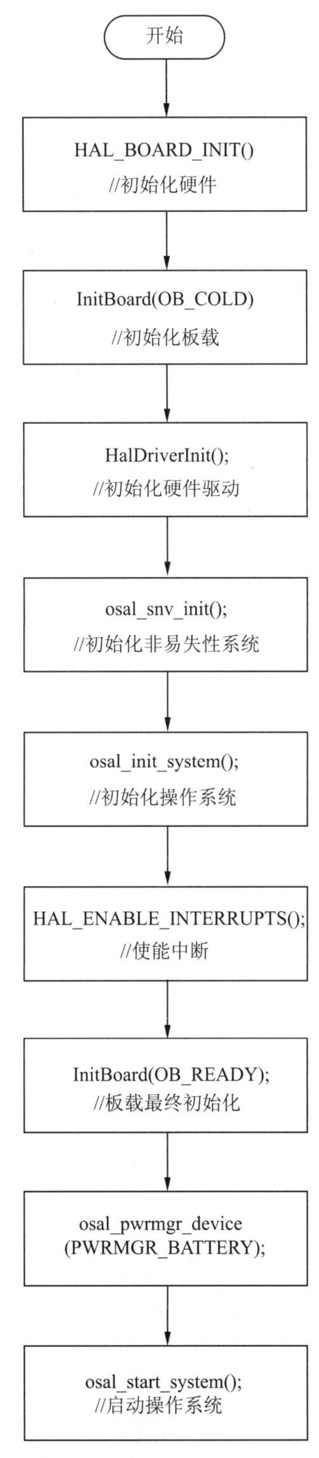

图 3.3.3　操作系统启动过程

4．画出 BLE 框架函数调用关系图

基于 BLE 协议栈框架开发程序流程图如图 3.3.4、图 3.3.5、图 3.3.6 和图 3.3.7 所示。

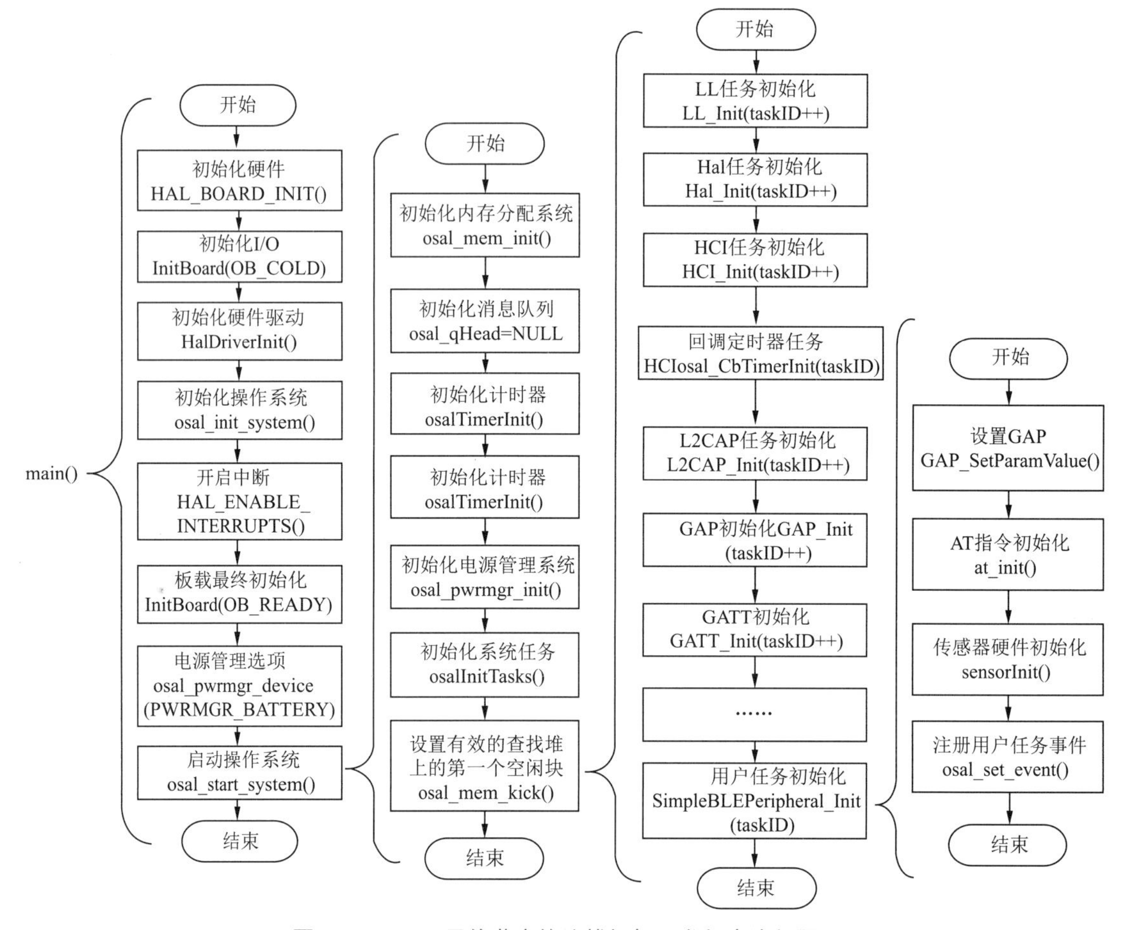

图 3.3.4　BLE 无线节点协议栈框架开发程序流程图 1

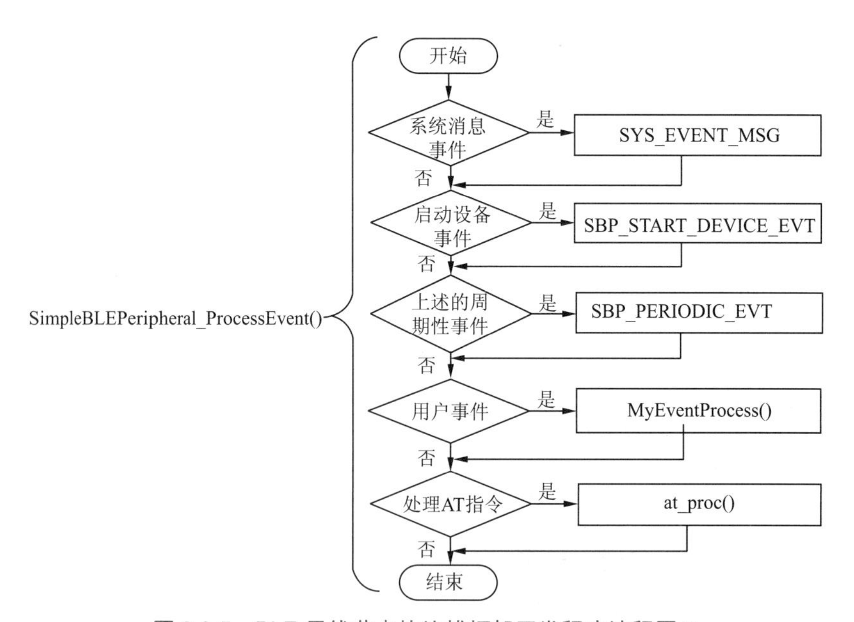

图 3.3.5　BLE 无线节点协议栈框架开发程序流程图 2

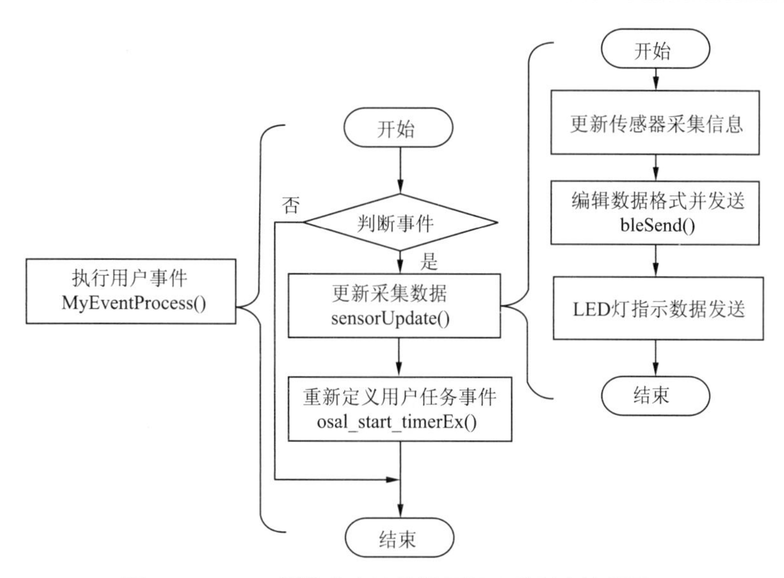

图 3.3.6　BLE 无线节点协议栈框架开发程序流程图 3

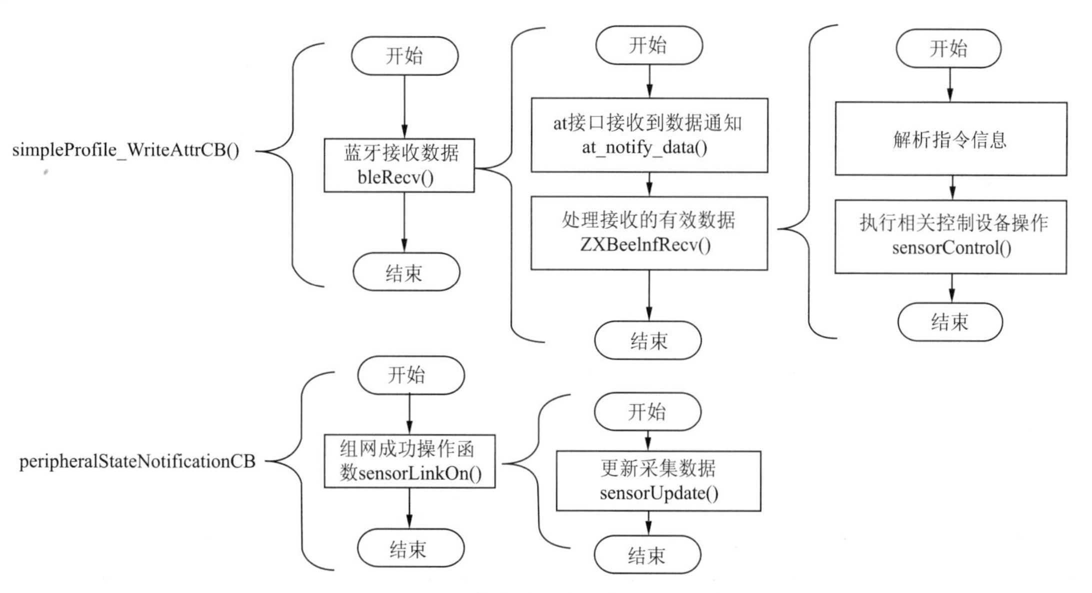

图 3.3.7　BLE 无线节点协议栈框架开发程序流程图 4

5. 设计智慧家庭系统协议

为了实现 BLE 节点的数据能够远程与本地的识别，需要设计一套约定的通信协议，约定的通信协议可以被远程设备和本地节点识别。根据项目特性设计通信协议见表 3.3.4。

表 3.3.4　智慧家庭系统通信协议

数据方向	协议格式	说　明
上行（节点往应用发送数据）	humidity=X	X 表示湿度采集的值
下行（应用往节点发送指令）	cmd=X	X 为 0 表示关闭继电器；X 为 1 表示开启继电器

五、实训拓展

（1）深入理解 BLE 协议栈，理解协议栈运行机制。

（2）分析程序代码，理解程序运行机制。

六、注意事项

（1）IAR 程序调试时，如果发生错误，可以尝试按下 SmartRF 上的复位按键或者尝试重新插拔。

（2）IAR 处于调试状态时，仿真器处于占用状态，此时使用 FlashProgrammer 工具烧写程序时会出错，需要先将 IAR 从调试状态停止后才能使用。

（3）当使用云服务时，开启远程服务时，要求网关和应用终端连接互联网，并使用 Android 智能网关内置的 ID/KEY；当开启本地服务时，要求网关和应用终端连接到同一局域网，此时应用（包括 ZCloudTools 工具）的服务地址为网关的 IP 地址。

七、实训评价

过程质量管理见表 3.3.5。

表 3.3.5　过程质量管理

姓名			组名	
评分项目		分值	得分	组内管理人
通用部分（40 分）	团队合作能力	10		
	实训完成情况	10		
	功能实现展示	10		
	解决问题能力	10		
专业能力（60 分）	设备的连接和实训操作	10		
	掌握用户接口及调用关系	20		
	关键函数的使用和理解	10		
	实训现象记录与描述	20		
过程质量得分				

实训 4　BLE 家庭湿度采集系统

一、相关知识

BLE 无线网络的使用过程中最为重要的功能之一就是能够实现远程的数据传输，通过 BLE 无线节点将采集的数据通过 BLE 网络将大片区域的传感器数据在 BLE 主机汇总，并为数据分析和处理数据提供支持。

数据采集可以归纳为以下三种逻辑事件：

（1）节点定时采集数据并上报。

（2）节点接收到查询指令后立刻响应并反馈实时数据。

（3）能够远程设定节点传感器数据的更新时间。

二、实训目标

（1）掌握采集类传感器程序逻辑设计。

（2）掌握智云采集类程序应用框架。

（3）学习网络数据包的解析处理。

（4）了解湿度传感器的使用。

三、实训环境

实训环境包括硬件环境、操作系统、开发环境、实训器材、实训配件，见表 3.4.1。

表 3.4.1　实训环境

项　　目	具 体 信 息
硬件环境	PC、Pentium 处理器、双核 2 GHz 以上、内存 4GB 以上
操作系统	Windows 7 64 位及以上操作系统
开发环境	IAR For 8051 集成开发环境
实训器材	nLab 未来实训平台：智能网关、LiteB 节点（BLE）、Sensor-A 传感器
实训配件	SmartRF04EB 仿真器、USB 线、12 V 电源

四、实训步骤

1. 理解家庭湿度采集系统设备选型

（1）家庭湿度采集硬件框图设计。湿度检测使用了外接传感器，外接传感器使用的是 DHTU21D，通过 IIC 总线与 CC2540 BLE 芯片进行通信，如图 3.4.1 所示。

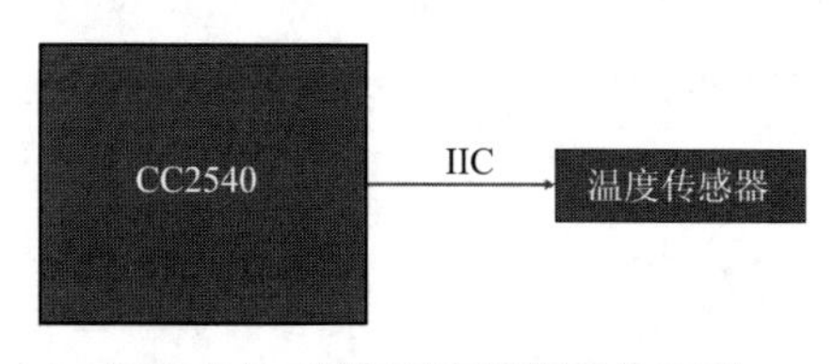

图 3.4.1　家庭湿度采集硬件框图

（2）硬件电路设计。HTU21D 传感器采用 IIC 总线，其中 SCL 连接到 CC2540 单片机的 P0_0 端口，SDA 连接 CC2540 单片机的 P0_1 端口，如图 3.4.2 所示。

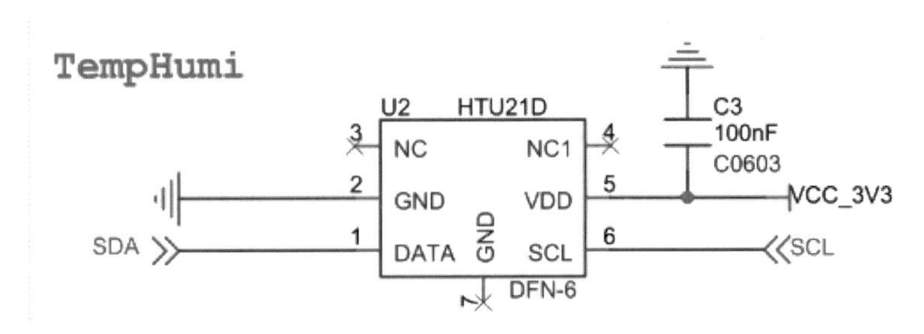

图 3.4.2　硬件电路设计

2. 编译、下载和运行程序，组网

（1）准备智能网关和 BLE 无线节点（接 Sensor-A 传感器）及相关 BLE 协议栈工程。湿度传感器节点实训工程为 BLEHumidity，将实训代码中 11-BLE-Humidity 文件夹下的工程 BLEHumidity 复制到 C:\stack\BLE-CC254x-140x-IAR\Projects\ble\SimpleBLEPeripheral-ZXBee 文件夹下。

（2）重新编译程序，并下载到设备中。

（3）参考前面的内容将设备进行组网，并保证设备正常入网运行，数据通信正常。

3. 设计家庭湿度采集系统协议

湿度传感器节点 BLEHumidity 工程实现了家庭湿度采集系统，该程序实现了以下功能：

（1）节点入网后，每隔 20 s 上行上传一次湿度传感器数值。

（2）应用层可以下行发送查询命令读取最新的湿度传感器数值。

BLEHumidity 工程采用类 josn 格式的通信协议（{[参数]=[值],{[参数]=[值],…}），具体见表 3.4.2。

表 3.4.2　通信协议

数据方向	协议格式	说　明
上行（节点往应用发送数据）	{humidity=X}	X 表示采集的湿度值
下行（应用往节点发送指令）	{ humidity =?}	查询湿度值，返回：{ humidity =X}，X 表示采集的湿度值

4. 采集类传感器程序调试

湿度传感器节点 BLEHumidity 工程采用智云传感器驱动框架开发，实现了湿度传感器的定时上报、湿度传感器数据的查询、无线数据包的封包 / 解包等功能。下面详细分析家庭湿度采集系统项目的采集类传感器的程序逻辑。

（1）传感器应用部分：在 sensor.c 文件中实现，包括湿度传感器硬件设备初始化（sensorInit()）、湿度传感器节点入网调用（sensorLinkOn()）、湿度传感器数据上报（sensorUpdate()）、处理下行的用户命令（ZXBeeUserProcess()）、用户事件处理（MyEventProcess()）。函数及说明见表 3.4.3。

表 3.4.3　湿度传感器应用函数及说明

函数名称	函数说明
sensorInit()	湿度传感器硬件设备初始化
sensorLinkOn()	湿度传感器节点入网调用
sensorUpdate()	温度传感器实时数据上报
ZXBeeUserProcess()	处理下行的用户命令
MyEventProcess()	用户事件处理

（2）湿度传感器驱动：在 htu21d.c 文件中实现，通过调用 IIC 驱动实现对湿度传感器实时数据的采集。函数及说明见表 3.4.4。

表 3.4.4　湿度传感器驱动函数及说明

函数名称	函数说明
htu21d_init()	湿度传感器 DHTU21D 初始化
htu21d_read_reg ()	读出湿度传感器 DHTU21D 实时湿度数据
htu21d_get_data()	获取湿度传感器 DHTU21D 内部数据

（3）无线数据的收发处理：在 zxbee-inf.c 文件中实现，包括 BLE 无线数据的收发处理函数。

（4）无线数据的封包/解包：在 zxbee.c 文件中实现，封包函数有 ZXBeeBegin()、ZXBeeAdd (char* tag, char* val)、ZXBeeEnd(void)，解包函数有 ZXBeeDecodePackage(char *pkg, int len)。

（5）通过 IAR 工具和 SmartRF 仿真器调试 ZigBeeLightIntensity 工程，对上述函数设置断点（在需要设置断点的源码行单击按钮设置断点），理解程序的调用关系。通过工具菜单 View → Breakpoints 可以调取设置的断点窗口，如图 3.4.3 所示。

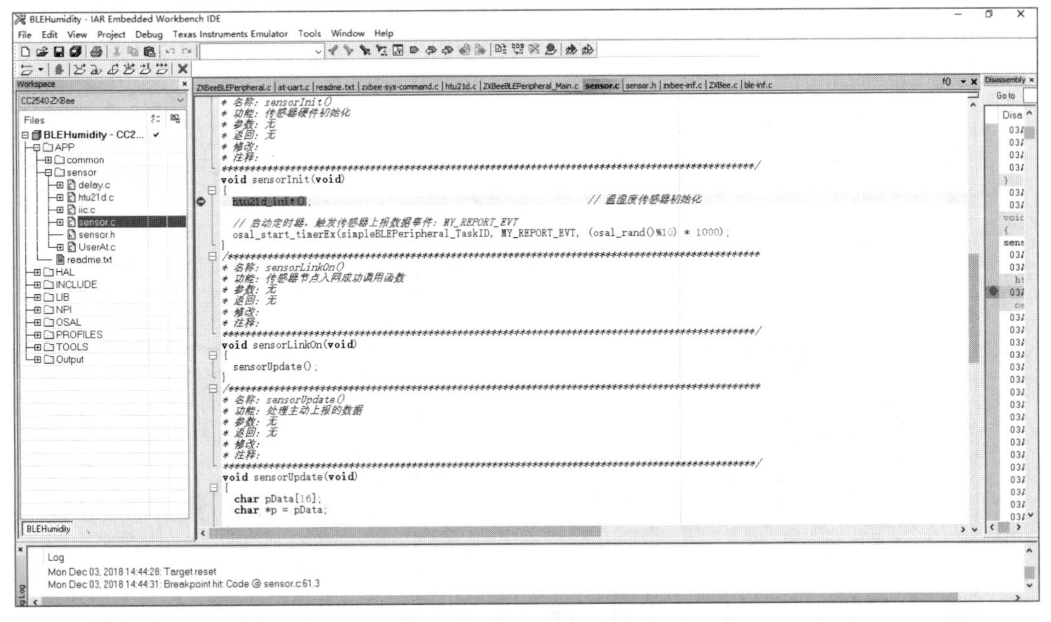

图 3.4.3　调取设置的断点窗口

5．采集类传感器程序关系图

湿度采集类传感器程序关系图如图 3.4.4 所示。

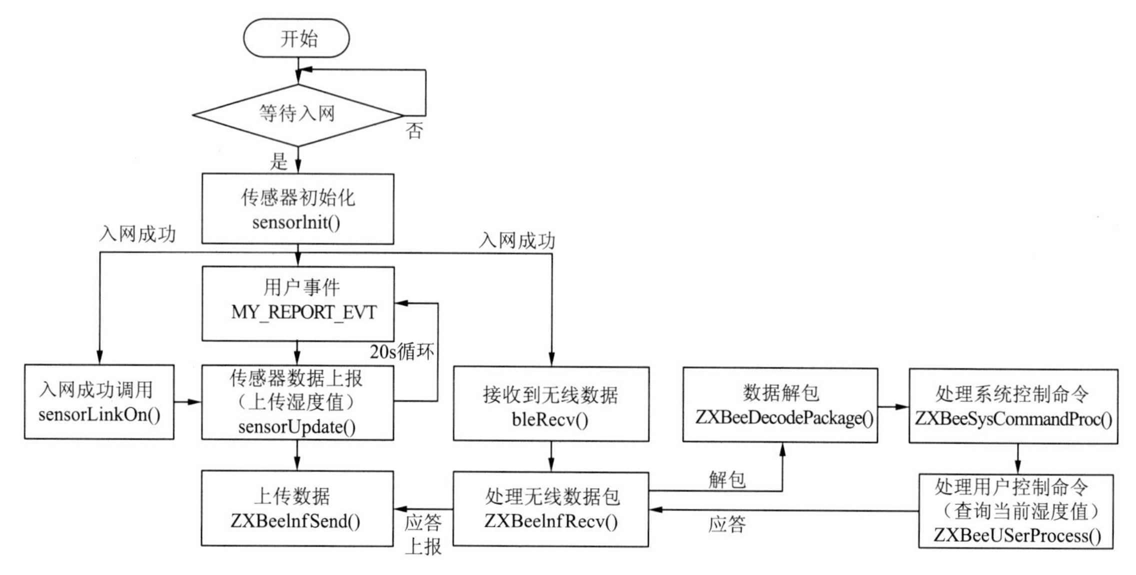

图 3.4.4　湿度采集类传感器程序关系图

6．家庭湿度采集系统测试

BLEHumidity 工程实现了智慧家庭项目湿度传感器的 20 s 循环数据上报，并支持实时湿度数据的下行查询。

（1）编译 BLEHumidity 工程下载到湿度传感器节点，与智能网关正确组网并配置网关服务连接到物联网云。

（2）通过 MiniUSB 线连接湿度传感器节点到计算机，运行 xLabTools 工具查看节点接收到的数据，如图 3.4.5 所示，并通过 ZCloudTools 工具查看应用层数据。

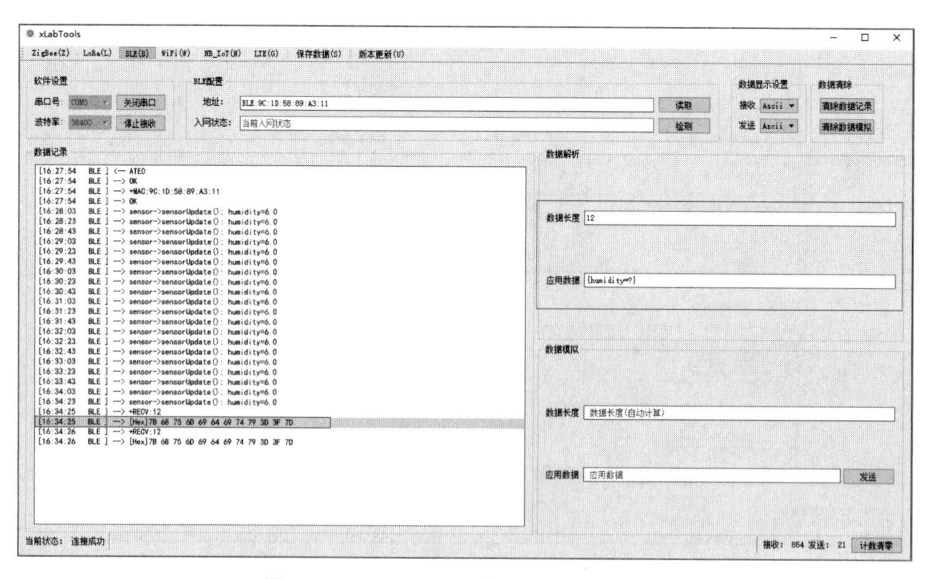

图 3.4.5　xLabTools 查看节点接收数据

根据程序设定，湿度传感器节点每隔 20 s 会上传一次湿度数据到应用层。同时，通过 ZCloudTools 工具发送湿度查询指令（{ humidity =?}），程序接收到响应后将会返回实时湿度值到应用层，如图 3.4.6 所示。

图 3.4.6　发送湿度查询指令

（3）通过向湿度传感器哈气可以改变湿度传感器的数值变化。

（4）修改程序循环上报时间间隔，记录湿度传感器湿度值的变化。

五、实训拓展

（1）修改程序，实现家庭空气质量传感器的数据采集。

（2）修改程序，实现当湿度值波动较大时才上传湿度数据。

六、注意事项

（1）程序烧写时如果出现错误可以尝试按下 SmartRF 上的复位按键；如果手机搜索不到节点蓝牙信号，可以在节点板上插上天线，然后重启 TruthBlue 软件。

（2）蓝牙节点之间的通信距离不能太远，应在 10m 以内，天线对蓝牙的通信距离的影响非常大。

七、实训评价

过程质量管理见表 3.4.5。

表 3.4.5　过程质量管理

姓名			组名	
评分项目		分值	得分	组内管理人
通用部分（40 分）	团队合作能力	10		
	实训完成情况	10		
	功能实现展示	10		
	解决问题能力	10		
专业能力（60 分）	设备的连接和实训操作	10		
	掌握采集类传感器程序设计	20		
	掌握数据包解析和封包处理	10		
	实训现象记录和描述	20		
过程质量得分				

实训 5　BLE 家庭灯光控制系统

一、相关知识

BLE 的远程设备控制有很多场景可以使用如家庭各种电器控制。

针对控制节点，其主要的关注点还是要了解控制节点对设备控制是否有效，以及控制结果。控制类节点逻辑事件可分为以下三种：

（1）远程设备对节点发送控制指令，节点实时响应并执行操作。

（2）远程节点发送查询指令后，节点实时响应并反馈设备状态。

（3）控制节点设备工作状态的实时上报。

二、实训目标

（1）掌握控制类传感器程序逻辑设计。

（2）掌握智云控制类程序应用框架。

（3）学习网络数据包的解析处理。

（4）了解 LED 传感器的使用。

三、实训环境

实训环境包括硬件环境、操作系统、开发环境、实训器材、实训配件，见表 3.5.1。

表 3.5.1　实训环境

项　　目	具 体 信 息
硬件环境	PC、Pentium 处理器、双核 2 GHz 以上、内存 4 GB 以上
操作系统	Windows 7 64 位及以上操作系统
开发环境	IAR For 8051 集成开发环境
实训器材	nLab 未来实训平台：智能网关、LiteB 节点（BLE）、Sensor-B 传感器
实训配件	SmartRF04EB 仿真器、USB 线、12 V 电源

四、实训步骤

1. 理解家庭灯光控制系统设备选型

（1）家庭灯光控制系统硬件框图如图 3.5.1 所示。CC2540 驱动 LED 灯来控制 LED 灯亮灭情况。

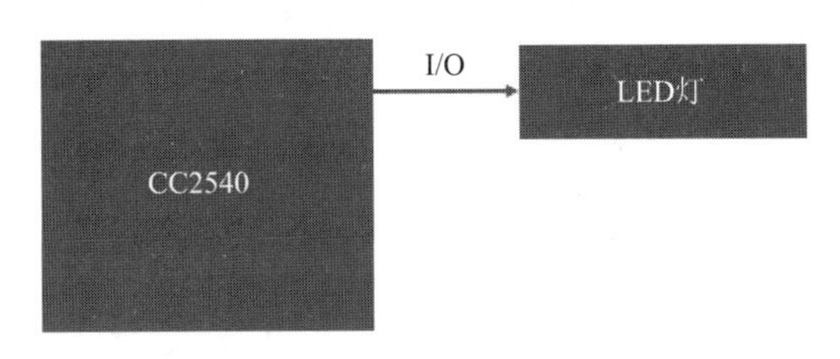

图 3.5.1　家庭灯光控制系统硬件框图

（2）CC2540 直接驱动 LED 灯，LED 原理图如图 3.5.2 所示。

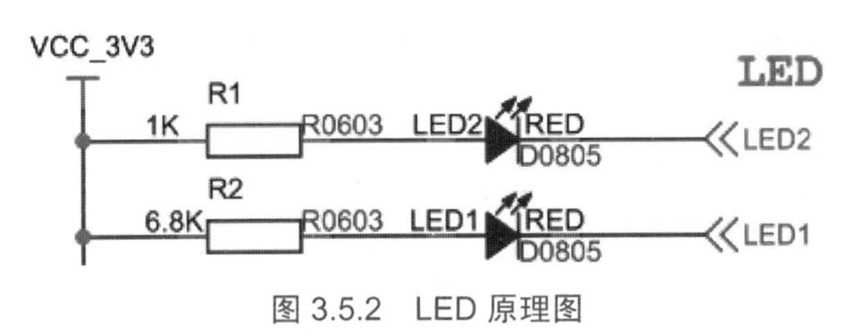

图 3.5.2　LED 原理图

2. 编译、下载和运行程序，组网

（1）准备智能网关和 BLE 无线节点（接 Sensor-B 传感器）及相关 BLE 协议栈工程。LED 控制器节点实训工程为 BLELight。将实训代码中 12-BLE-Light 文件夹下的工程 BLELig ht 复制到 C:\stack\BLE-CC254x-140x-IAR\Projects\ble\SimpleBLEPeripheral-ZXBee 文件夹下。

（2）重新编译程序，并下载到设备中。

（3）参考前面的内容将设备进行组网，并保证设备正常入网运行，数据通信正常。

3. 设计家庭灯光控制系统协议

LED 控制器节点 BLELight 工程实现了家庭灯光控制系统，该程序实现了以下功能：

（1）节点入网后，每隔 20 s 上行上传一次 LED 控制状态数值。

（2）应用层可以下行发送查询命令查看 LED 控制状态。

（3）应用层可以下行发送控制命令让 LED 进行对应的控制操作。

BLELight 工程采用类 josn 格式的通信协议（{[参数]=[值],{[参数]=[值],……}），具体见表 3.5.2。

表 3.5.2 通信协议

数据方向	协议格式	说　明
上行（节点往应用发送数据）	{ledStatus=X}	X 为其他值表示 LED1、LED2 关闭状态；X 为 1 表示 LED1 打开状态；X 为 2 表示 LED2 打开状态
下行（应用往节点发送指令）	{ledStatus=?}	查询当前 LED 状态，返回：{ ledStatus =X}。X 为其他值表示 LED1、LED2 关闭状态；X 为 1 表示 LED1 打开状态；X 为 2 表示 LED2 打开状态
下行（应用往节点发送指令）	{cmd=X}	LED 控制指令，X 为其他值表示 LED1、LED2 关闭状态，X 为 1 表示 LED1 打开状态，X 为 2 表示 LED2 打开状态

4. 控制类传感器程序调试

LED 控制器节点 BLELight 工程采用智云传感器驱动框架开发，实现了 LED 的远程控制、LED 当前状态的查询、LED 状态的循环上报、无线数据包的封包 / 解包等功能。下面详细分析家庭灯光控制系统项目的控制类传感器的程序逻辑。

（1）传感器应用部分：在 sensor.c 文件中实现，包括 LED 控制器硬件设备初始化（sensorInit()）、LED 控制器节点入网调用（sensorLinkOn()）、LED 控制器状态上报（ sensorUpdate() ）、LED 控制器控制（sensorControl()）、处理下行的用户命令（ZXBeeUserProcess()）、用户事件处理（MyEventProcess()）。控制类传感器函数及说明见表 3.5.3。

表 3.5.3 控制类传感器函数及说明

函数名称	函数说明
sensorInit()	LED 控制器硬件设备初始化
sensorLinkOn()	LED 控制器节点入网调用
sensorUpdate()	LED 控制器状态上报
sensorControl()	LED 控制器控制
ZXBeeUserProcess()	处理下行的用户命令
MyEventProcess()	用户事件处理

（2）LED 控制器驱动：在 stepmotor.c 文件中实现，实现 LED 硬件初始化、LED 开、LED 关等功能。函数及说明见表 3.5.4。

表 3.5.4 LED 控制器驱动函数及说明

函数名称	函数说明
led_init ()	LED 控制器初始化
led_on ()	控制 LED 开
led_off ()	控制 LED 关

（3）无线数据的收发处理：在 zxbee-inf.c 文件中实现，包括 BLE 无线数据的收发处理函数。

（4）无线数据的封包/解包：在 zxbee.c 文件中实现，封包函数有 ZXBeeBegin()、ZXBeeAdd(char* tag, char* val)、ZXBeeEnd(void)，解包函数有 ZXBeeDecodePackage(char *pkg, int len)。

（5）通过 IAR 工具和 SmartRF 仿真器调试 ZigBeeMotor 工程，对上述函数设置断点（在需要设置断点的源码行单击 按钮设置断点），理解程序的调用关系。通过工具菜单 View → Breakpoints 可以调取设置的断点窗口，如图 3.5.3 所示。

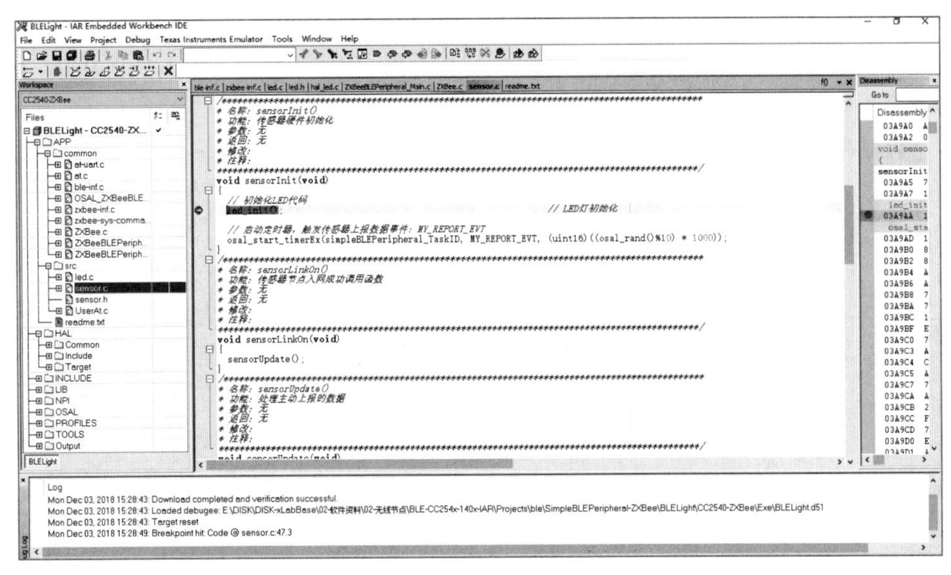

图 3.5.3　调取设置的断点窗口

5. 控制类传感器程序关系图

LED 控制类传感器程序关系图如图 3.5.4 所示。

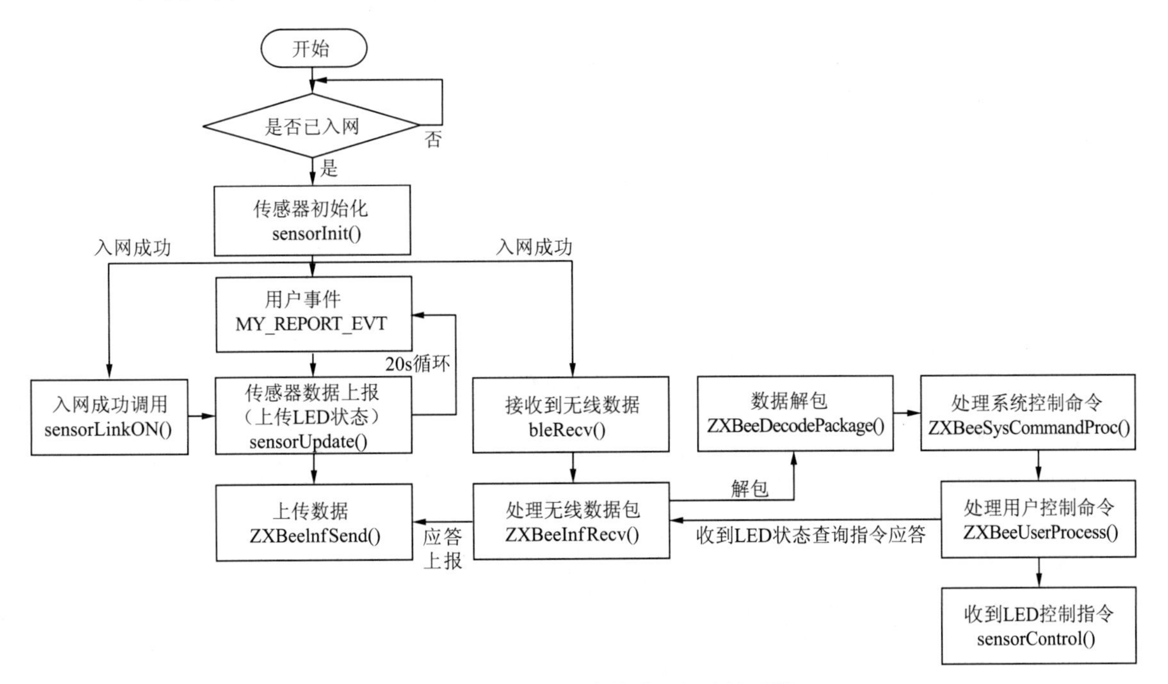

图 3.5.4　LED 控制类传感器程序关系图

6．家庭灯光控制系统测试

BLELight 工程实现了智慧家庭项目 LED 控制器的远程控制、状态上报、状态查询等功能。

（1）编译 BLELight 工程下载到 LED 控制器节点，与智能网关正确组网并配置网关服务连接到物联网云。

（2）通过 MiniUSB 线连接 LED 控制器节点到计算机，运行 xLabTools 工具查看节点接收到的数据，如图 3.5.5 所示，并通过 ZCloudTools 工具查看应用层数据。

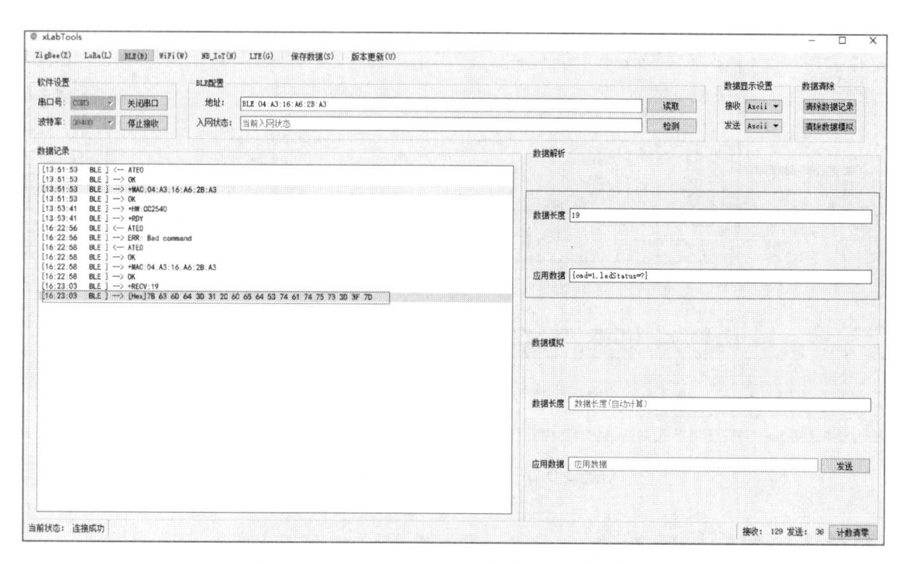

图 3.5.5　xLabTools 查看节点接收数据

根据程序设定，LED 控制器节点每隔 20 s 会上传一次 LED 状态到应用层。

（3）通过 ZCloudTools 工具发送 LED 状态查询指令（{ ledStatus =?}），程序接收到响应后将会返回当前 LED 状态到应用层，如图 3.5.6 所示。

图 3.5.6　发送 LED 状态查询指令

（4）通过 ZCloudTools 工具发送 LED 控制指令（打开 LED1 指令 {cmd=1}，打开 LED2 指令 {cmd=2}，关闭 LED1、LED2 指令 {cmd= 其他值 }），程序接收到响应后将会控制 LED 相应的执行动作。

五、实训拓展

（1）思考控制类节点为什么要定时上报传感器状态。

（2）修改程序，实现控制类传感器在控制完成后立即返回一次新的传感器状态。

（3）修改程序，实现将 LED 点亮改为呼吸灯效果。

六、注意事项

当节点仅通过仿真器供电启动时，由于电流不足，会导致传感器数据异常，此时需要将节点通过实训基板接入 12 V 供电（电源开关要按下）。

七、实训评价

过程质量管理见表 3.5.5。

表 3.5.5　过程质量管理

姓名			组名	
评分项目		分值	得分	组内管理人
通用部分（40 分）	团队合作能力	10		
	实训完成情况	10		
	功能实现展示	10		
	解决问题能力	10		
专业能力（60 分）	设备的连接和实训操作	10		
	掌握控制类传感器程序设计	20		
	掌握数据包解析和封包处理	10		
	实训现象记录和描述	20		
过程质量得分				

实训 6　BLE 家庭门磁报警系统

一、相关知识

BLE 节点的报警功能有很多场景可以使用如家居非法人员闯入、家庭火焰报警器、家庭燃气报警器等。

远程信息预警可以归纳为以下四种逻辑事件：

（1）节点安全信息定时获取并上报。

（2）当节点监测到危险信息时系统能迅速上报危险信息。

（3）当危险信息解除时系统能够恢复正常。

（4）当监测到查询信息时，节点能够响应指令并反馈安全信息。

二、实训目标

（1）掌握安防类传感器程序逻辑设计。

（2）掌握智云安防类程序应用框架。

（3）学习网络数据包的解析处理。

（4）了解霍尔传感器的使用。

三、实训环境

实训环境包括硬件环境、操作系统、开发环境、实训器材、实训配件，见表 3.6.1。

表 3.6.1　实训环境

项　目	具体信息
硬件环境	PC、Pentium 处理器、双核 2 GHz 以上、内存 4 GB 以上
操作系统	Windows 7 64 位及以上操作系统
开发环境	IAR For 8051 集成开发环境
实训器材	nLab 未来实训平台：智能网关、LiteB 节点（BLE）、Sensor-C 传感器
实训配件	SmartRF04EB 仿真器、USB 线、12 V 电源

四、实训步骤

1. 理解门磁报警系统设备选型

（1）家庭门磁报警硬件框图设计。霍尔传感器受 CC2540 控制。家庭门磁报警系统硬件框图设计如图 3.6.1 所示。

（2）硬件电路设计。CC2540 直接驱动霍尔传感器，如图 3.6.2 所示。

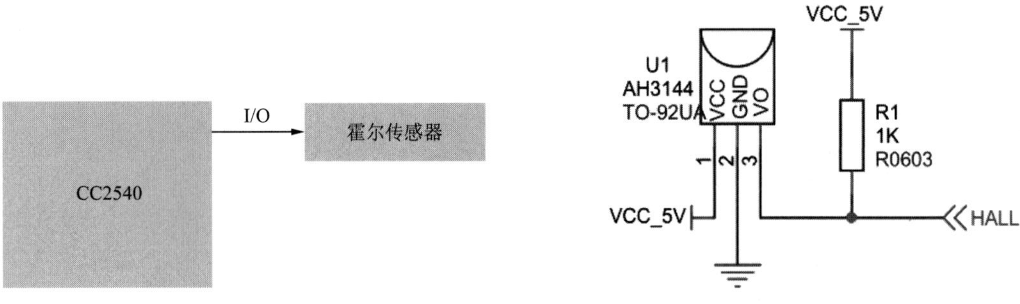

图 3.6.1　家庭门磁报警系统硬件框图设计

图 3.6.2　硬件电路设计

2. 编译、下载和运行程序，组网

（1）准备智能网关和 BLE 无线节点（接 Sensor-C 传感器）及相关 BLE 协议栈工程：

霍尔传感器节点实训工程：BLEDoorAlarm，将实训代码中13-BLE-DoorAlarm文件夹下的工程BLEDoorAlarm复制到C:\stack\BLE-CC254x-140x-IAR\Projects\ble\SimpleBLEPeripheral-ZXBee文件夹下。

（2）重新编译程序，并下载到设备中。

（3）参考前面的内容将设备进行组网，并保证设备正常入网运行，数据通信正常。

3．设计门磁报警系统协议

霍尔传感器节点BLEDoorAlarm工程实现了门磁报警系统，该程序实现了以下功能：

（1）节点入网后，每隔20 s上行上传一次霍尔传感器状态。

（2）程序每隔100 ms检测一次霍尔传感器状态。

（3）应用层可以下行发送查询命令读取最新的霍尔传感器数值。

BLEDoorAlarm工程采用类josn格式的通信协议（{[参数]=[值],{[参数]=[值],…}），具体见表3.6.2。

表3.6.2　通信协议

数据方向	协议格式	说　明
上行（节点往应用发送数据）	{lightIntensity=X} {lightStatus=Y}	X表示采集的光强值,Y表示光强的报警状态
下行（应用往节点发送指令）	{lightIntensity=?} {lightStatus=?}	（1）查询光强值，返回：{lightIntensity=X}，X表示采集的光强值。 （2）查询光强报警状态值，返回：{ lightStatus=Y}。Y为1表示光强值超过阈值，Y为0表示光强值正常

4．安防类传感器程序调试

霍尔传感器节点BLEDoorAlarm工程采用智云传感器驱动框架开发，实现了门磁状态的实时监测和预警、门磁状态的查询、门磁状态的循环上报、无线数据包的封包/解包等功能。下面详细分析门磁报警项目中安防类传感器的程序逻辑。

（1）传感器应用部分：在sensor.c文件中实现，包括霍尔传感器硬件设备初始化（sensorInit()）、霍尔传感器节点入网调用（sensorLinkOn()）、霍尔传感器光强值和报警状态的上报（sensorUpdate()）、霍尔传感器预警实时监测并处理（sensorCheck()）、处理下行的用户命令（ZXBeeUserProcess()）、用户事件处理（MyEventProcess()）。函数及说明见表3.6.3。

表3.6.3　霍尔传感器应用函数及说明

函数名称	函数说明
sensorInit()	霍尔传感器硬件设备初始化
sensorLinkOn()	霍尔传感器节点入网调用
sensorUpdate()	霍尔传感器光强值和报警状态的上报
sensorCheck()	霍尔传感器预警实时监测并处理
ZXBeeUserProcess()	处理下行的用户命令
MyEventProcess()	用户事件处理

（2）霍尔传感器驱动：在 Hall.c 文件中实现，见表 3.6.4。

表 3.6.4　霍尔传感器函数及说明

函数名称	函数说明
hall_init ()	霍尔传感器初始化
get_hall_status ()	获取霍尔传感器状态

（3）无线数据的收发处理：在 zxbee-inf.c 文件中实现，包括 BLE 无线数据的收发处理函数。

（4）无线数据的封包/解包：在 zxbee.c 文件中实现，封包函数有 ZXBeeBegin()、ZXBeeAdd(char* tag, char* val)、ZXBeeEnd(void)，解包函数有 ZXBeeDecodePackage(char *pkg, int len)。

（5）通过 IAR 工具和 SmartRF 仿真器调试 ZigBeeLightFlag 工程，对上述函数设置断点（在需要设置断点的源码行单击 按钮设置断点），理解程序的调用关系。通过工具菜单 View → Breakpoints 可以调取设置的断点窗口，如图 3.6.3 所示。

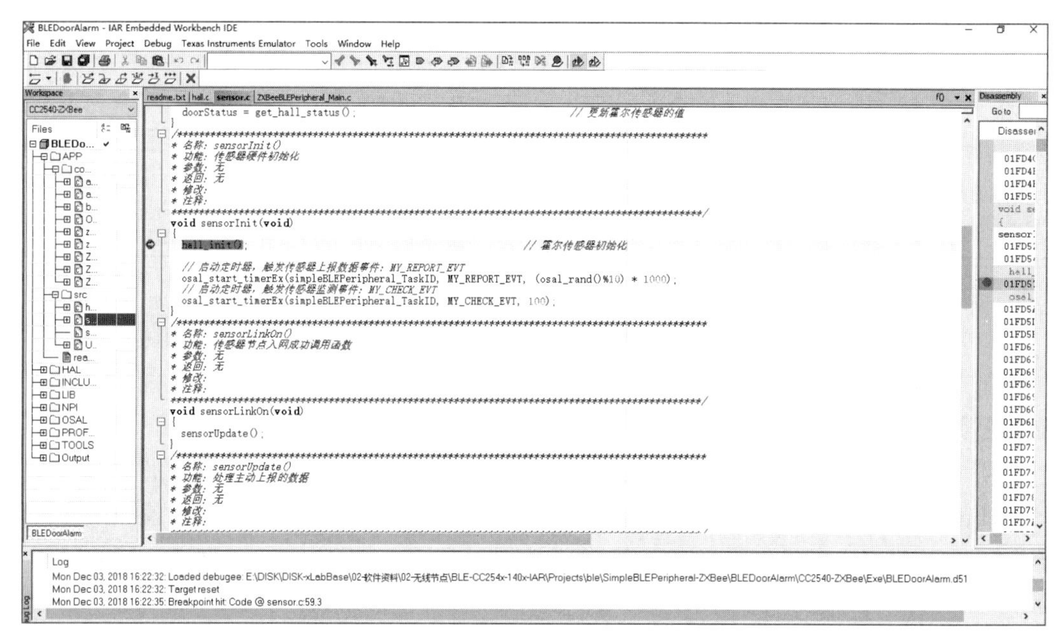

图 3.6.3　调取设置的断点窗口

5. 安防类传感器程序关系图

门磁报警安防类传感器程序关系图如图 3.6.4 所示。

6. 家庭门磁报警系统测试

BLEDoorAlarm 工程实现了智慧家庭项目霍尔传感器状态的 20 s 循环数据上报，实时监测霍尔传感器状态并及时上报，并支持实时霍尔传感器状态的下行查询。

（1）编译 BLEDoorAlarm 工程下载到霍尔传感器节点，与智能网关正确组网并配置网关服务连接到物联网云。

（2）通过 MiniUSB 线连接霍尔传感器节点到计算机，运行 xLabTools 工具查看节点接收到的数据，如图 3.6.5 所示，并通过 ZCloudTools 工具查看应用层数据。

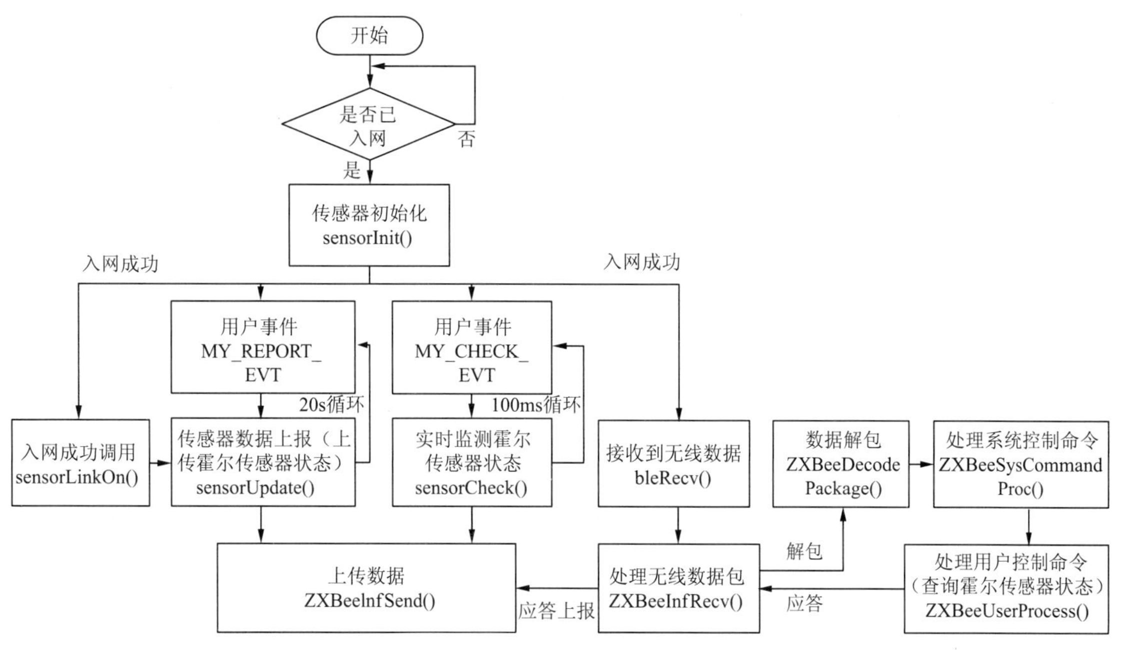

图 3.6.4　门磁报警安防类传感器程序关系图

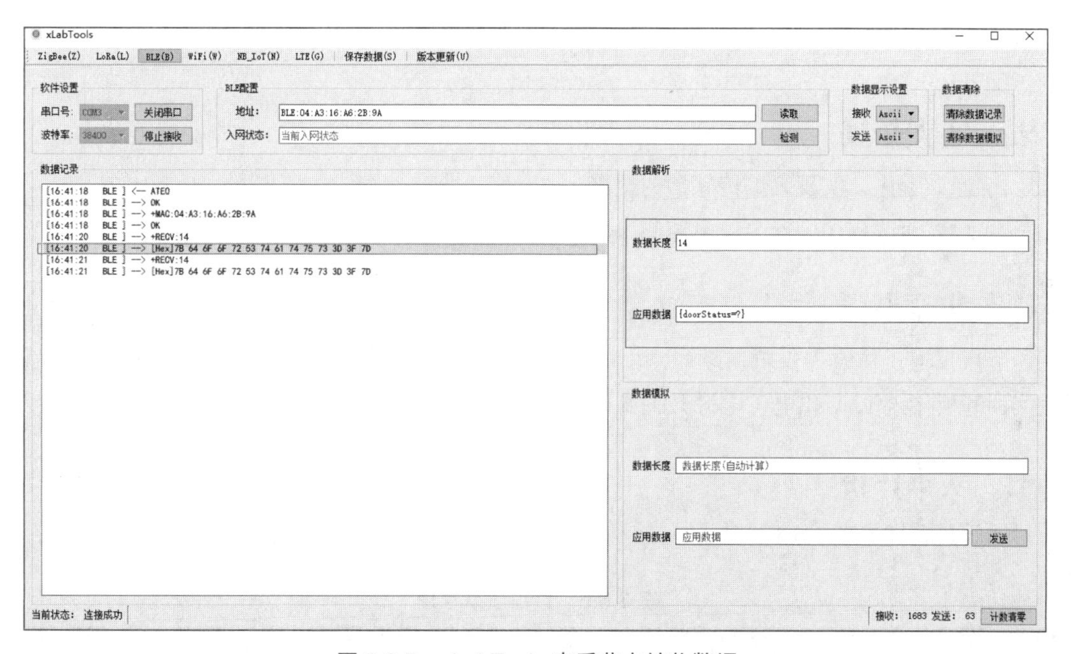

图 3.6.5　xLabTools 查看节点接收数据

根据程序设定，霍尔传感器节点每隔 20 s 会上传一次霍尔传感器状态到应用层。同时，通过 ZCloudTools 工具发送门磁查询指令（{ doorStatus =?}），程序接收到响应后将会返回实时门磁状态到应用层，如图 3.6.6 所示。

（3）通过使用磁铁接触霍尔传感器观察门禁状态，测试在 ZCloudTools 工具中每 3 s 会收到霍尔传感器信息（{ doorStatus =?}）。

图 3.6.6　发送门磁查询指令

五、实训拓展

（1）修改程序，实现火焰传感器的报警。

（2）设置修改程序中安全信息监测事件触发时间为 200 ms。

六、注意事项

当节点仅通过仿真器供电启动时，由于电流不足，会导致传感器数据异常，此时需要将节点通过实训基板接入 12 V 供电（电源开关要按下）。

七、实训评价

过程质量管理见表 3.6.5。

表 3.6.5　过程质量管理

姓名			组名	
评分项目		分值	得分	组内管理人
通用部分（40 分）	团队合作能力	10		
	实训完成情况	10		
	功能实现展示	10		
	解决问题能力	10		

续表

姓名			组名	
评分项目		分值	得分	组内管理人
专业能力（60 分）	设备的连接和实训操作	10		
	掌握安防类传感器程序设计	20		
	掌握数据包解析和封包处理	10		
	实训现象记录和描述	20		
过程质量得分				

单元 4

Wi-Fi 无线传感网系统设计

实训 1　Wi-Fi 无线传感网认知

一、相关知识

Wi-Fi 是一种允许电子设备连接到一个无线局域网（WLAN）的技术，通常使用 2.4G UHF 或 5G SHFISM 射频频段。连接到无线局域网通常是有密码保护的；但也可是开放的，这样就允许任何在 WLAN 范围内的设备可以连接上。Wi-Fi 是一个无线网络通信技术的品牌，由 Wi-Fi 联盟所持有。目的是改善基于 IEEE 802.11 标准的无线网络产品之间的互通性。有人把使用 IEEE 802.11 系列协议的局域网称为无线保真，甚至把 Wi-Fi 等同于无线网际网络（Wi-Fi 是 WLAN 的重要组成部分）。

Wi-Fi 是由无线接入点 AP（AccessPoint）、站点（Station）等组成的无线网络。AP 一般称为网络桥接器或接入点，它作为传统的有线局域网络与无线局域网络之间的桥梁，因此任何一台装有无线网卡的 PC 均可透过 AP 去分享有线局域网络甚至广域网络的资源。它的工作原理相当于一个内置无线发射器的 HUB（多端口轻发器）或路由，而无线网卡则是负责接收由 AP 所发射信号的 CLIENT（客户端）端设备。

无线局域网的应用范围非常广泛，如果将其应用划分为室内和室外，室内应用包括大型办公室、车间、酒店宾馆、智能仓库、临时办公室、会议室、证券市场；室外应用包括城市建筑群间通信、学校校园网络、工矿企业厂区自动化控制与管理网络、银行金融证券城区网、矿山、水利、油田、港口、码头、江河湖坝区、野外勘测实训、军事流动网、公安流动网等。

二、实训目标

（1）掌握 Wi-Fi 组网过程。

（2）掌握 Wi-Fi 网络工具的使用。

（3）设计智能家居工作场景。

三、实训环境

实训环境包括硬件环境、操作系统、开发环境、实训器材、实训配件，见表 4.1.1。

表 4.1.1　实训环境

项　目	具 体 信 息
硬件环境	PC、Pentium 处理器机、双核 2 GHz 以上、内存 4 GB 以上
操作系统	Windows 7 64 位及以上操作系统
开发环境	IAR For ARM 集成开发环境
实训器材	nLab 未来实训平台：智能网关、3 × LiteB 节点（Wi-Fi）、Sensor-A/B/C 传感器
实训配件	USB 线、12 V 电源

四、实训步骤

1. 认识 Wi-Fi 硬件平台

（1）准备智能网关、三个 LiteB-WiFi 节点、Sensor-A/B/C 传感器。

经典型无线节点 ZXBeeLiteB：ZXBeeLiteB 经典型无线节点采用无线模组作为 MCU 主控，板载信号指示灯（包括电源指示灯、电池指示灯、网络指示灯、数据指示灯），两路功能按键，板载集成锂电池接口，集成电源管理芯片，支持电池的充电管理和电量测量；板载 USB 串口，Ti 仿真器接口，ARM 仿真器接口；集成两路 RJ-45 工业接口，提供主芯片 P0_0~P0_7 输出，硬件包含 IO、ADC3.3V、ADC5V、UART、RS-485、两路继电器等功能，提供两路 3.3 V、5 V、12 V 电源输出，如图 4.1.1 所示。

图 4.1.1　经典型无线节点 ZXBeeLiteB

智能网关和 Sensor-A/B/C 传感器介绍参见附录 A。

（2）阅读《产品手册-nLab》第 5 章内容，设置跳线并连接设备。

ZXBeeLiteB 节点跳线方式，如图 4.1.2 所示。

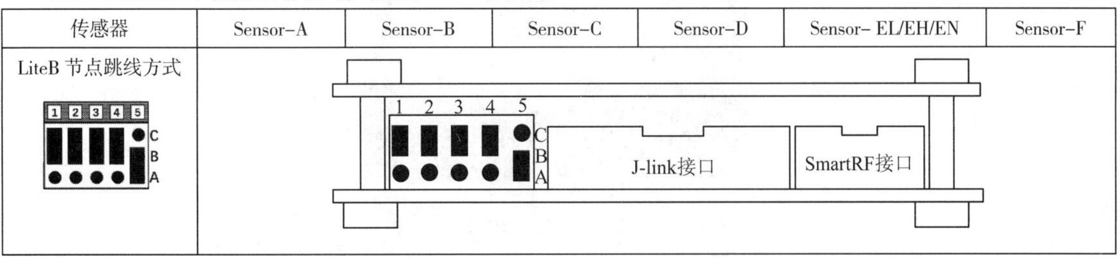

图 4.1.2　ZXBeeLiteB 节点跳线方式

采集类传感器（Sensor–A）：无跳线。

控制类传感器（Sensor–B）：硬件上步进电动机和 RGB 灯复用，风扇和蜂鸣器复用。出厂默认选择步进电动机和风扇，则跳线按照丝印上说明，设置为 ⑧ 和 ⑦ 选通，如图 4.1.3 所示。

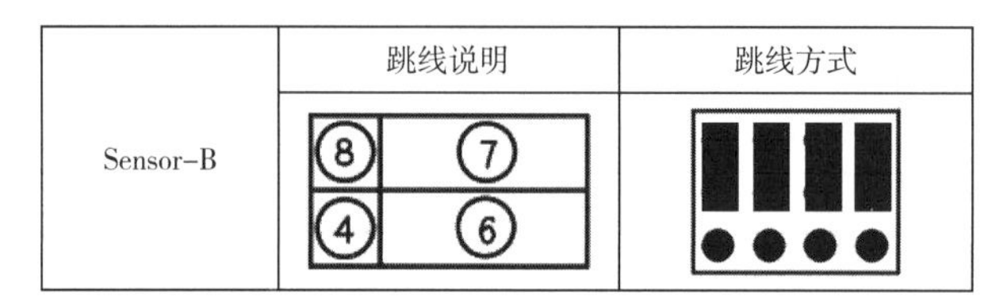

	跳线说明	跳线方式
Sensor–B	⑧ ⑦ ④ ⑥	

图 4.1.3　控制类传感器（Sensor-B）跳线

安防类传感器（Sensor–C）：硬件上人体红外和触摸复用，火焰、霍尔、振动和语音合成复用，出厂默认选择人体红外和火焰、霍尔、振动，则跳线按照丝印上说明，设置为⑦、⑨、⑩、④ 选通。

2. 镜像固化

阅读《产品手册–nLab》第 6~7 章内容，掌握实训设备的出厂镜像固化和网络参数修改。

掌握 Wi-Fi 节点的镜像固化（分别烧录 Sensor–A/B/C 三个传感器出厂固件）。

3. Wi-Fi 组网及应用

1）Wi-Fi 网络构建过程

（1）准备一个智能网关、若干 Wi-Fi 节点和传感器。

（2）智能网关先上电启动系统，配置 Wi-Fi 连接 Wi-Fi 节点。

（3）配置智能网关的网关服务程序，设置 Wi-Fi 传感网接入到物联网云平台。

（4）通过应用软件连接到设置的 Wi-Fi 项目，与 Wi-Fi 设备进行通信。阅读《产品手册–nLab》第 8~9 章内容，进行 Wi-Fi 组网和应用展示。

2）连接设备并组建 Wi-Fi 网络

准备智能网关、LiteB 节点、传感器，接上天线，先上电启动智能网关，再将连接有传感器的 LiteB 节点上电（网络红灯闪烁后长亮表示加入网络成功），如图 4.1.4 所示。

图 4.1.4　硬件组网

3）配置智云网关

智能网关上电。阅读《产品手册-nLab》第 9.2 节内容对网关进行配置，如图 4.1.5、图 4.1.6 所示。

图 4.1.5　配置智能网关

图 4.1.6　配置智能网关

4）应用综合体验

阅读《产品手册-nLab》第 9.3 节内容构建项目并通过 ZCloudTools 综合应用进行演示体验，如图 4.1.7 所示。

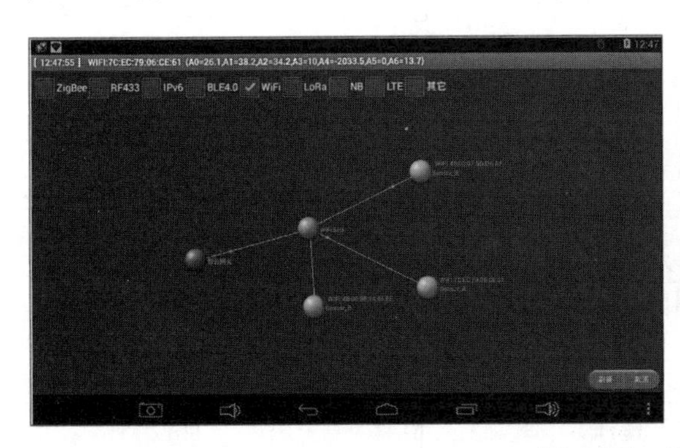

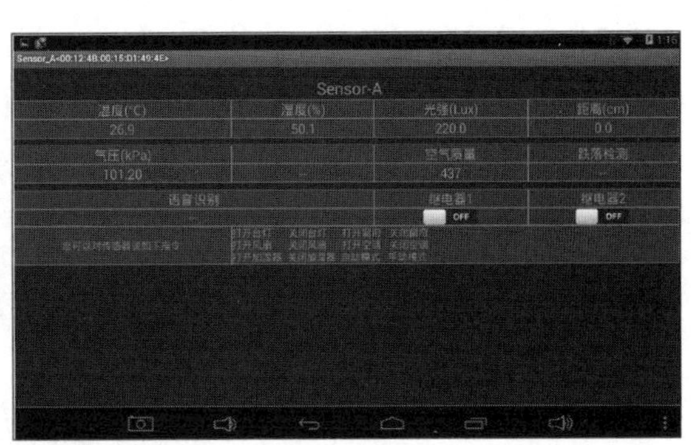

图 4.1.7　应用综合体验

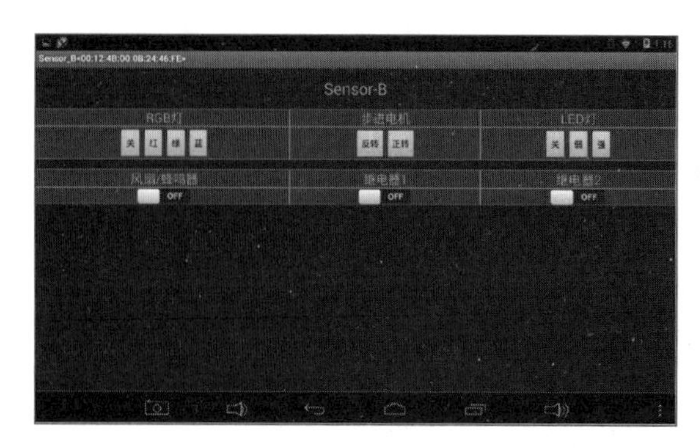

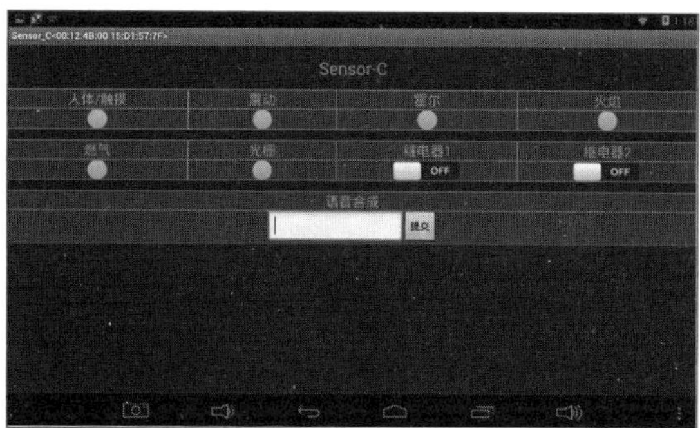

图 4.1.7　应用综合体验（续）

4. Wi-Fi 组网异常分析

Wi-Fi 组网可能出现以下异常情况，可根据表 4.1.2 所示进行验证。

表 4.1.2　Wi-Fi 组网异常分析

序号	异常状况	正常状况	原因说明
1	ZCloudTools 不能显示联网节点，没有连接网络（只能有线连接 RJ-45 接口）	正常组网（网络红灯先闪后长亮，有数据收发时数据蓝灯闪）	因为网关上的 Wi-Fi 模块同 LiteB（Wi-Fi）节点组网进行连接时，网关 Wi-Fi 作为无线 AP 使用，智云服务远程服务需要外网，需使用有线网络接入
2	网关无线热点配置正常，节点不法连接	正常组网（网络红灯先闪后长亮，有数据收发时数据蓝灯闪）	通过 xLabTools 工具查看 SSID 与密码输入是否正确。

5. 网络参数改变影响

修改 Wi-Fi 名称为 AndroidAP，密码为无。注意：此设置要与网关建立的热点一致。

6. 理解智慧家居场景

Wi-Fi 无线网络在物联网系统中扮演传感网的角色，用于获取传感器数据和控制电气设备。而完整的物联网其中还包含了传输层、服务层和应用层。通过远程的应用 App 实现对 Wi-Fi 网络的组网关系、数据收发与网络监控等功能有一个初步了解。

使用 Wi-Fi 网络构建智能家居系统，根据用户对智能家居功能的需求，整合以下最实用最基本的家居控制功能：环境数据采集、智能设备控制、防盗报警、煤气泄漏等，对基于 Wi-Fi 网络的物联网系统架构建立感观认知，框架图如图 4.1.8 所示。

根据实训设备与智慧家居场景进行对比联想，掌握 Wi-Fi 设备与网络在智慧家居中的应用。

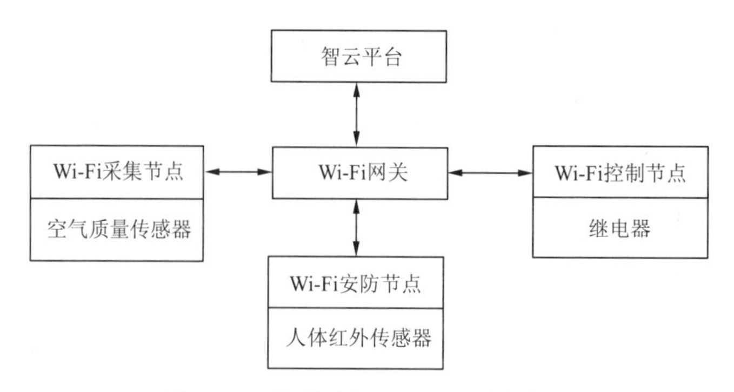

图 4.1.8　智能家居 Wi-Fi 网络框架图

五、实训拓展

（1）两组学生组成更大的网络进行相关测试。

（2）测试通信距离和网络断开后的自愈问题。

六、注意事项

（1）下载程序时，需要按住 K2 按键，同时按 K3 复位键一次，然后松手等待下载即可，如果此时多次开关电源或按复位键，可能会使程序下载失败。

（2）用 Uniflash 软件烧写节点程序时，将 bin 文件复制到没有中文目录的文件夹下烧录，有中文目录时候会报错。烧写程序完成后，用 xLabTools 工具连接时候要按下 K3 复位键，不行就多按几次。直到连接时 D1 灯闪烁，程序才运行正常。

七、实训评价

过程质量管理见表 4.1.3。

表 4.1.3　过程质量管理

姓名			组名	
评分项目		分值	得分	组内管理人
通用部分（40 分）	团队合作能力	10		
	实训完成情况	10		
	功能实现展示	10		
	解决问题能力	10		
专业能力（60 分）	设备连接与操作	10		
	程序的下载、安装和网络配置	10		
	掌握网络组网过程及参数设置	20		
	实训现象的记录与描述	20		
过程质量得分				

实训 2　Wi-Fi 无线传感网工具

一、相关知识

CC3200 是得州仪器通过取得 ARM 公司的 Cortex-M4 内核的授权，并在 Cortex-M4 内核的基础上添加计时器、Wi-Fi 模块、电源管理等外围电路设计而成的。CC3200 是业界第一个具有内置 Wi-Fi 连通性的单片微控制器单元，由应用微控制器、Wi-Fi 网络处理器和电源管理子系统组成。

CC3200 SDK 即 SimpleLink™ Wi-Fi CC3200 SDK，它包含用于 CC3200 可编程 MCU 的驱动程序、40 个以上的示例应用以及使用该解决方案所需的文档。它还包含闪存编程器，这是一款命令行工具，用于闪存软件并配置网络和软件参数（SSID、接入点通道、网络配置文件等）、系统文件和用户文件（证书、网页等）。此 SDK 可与得州仪器的 SimpleLInk Wi-Fi CC3200 LaunchPad 配合使用。

得州仪器官方提供的 Wi-Fi 通信协议栈安装包使用的默认开发环境是 IAR 集成开发环境，因此 Wi-Fi 的相关程序开发同样需要在 IAR 的集成开发环境上进行。注意：Wi-Fi 开发的 IAR 为 ARM 版本。

二、实训目标

（1）了解 CC3200 Wi-Fi 芯片。

（2）了解 Wi-Fi 协议栈的使用。

（3）掌握 Wi-Fi 调试工具的使用。

三、实训环境

实训环境包括硬件环境、操作系统、开发环境、实训器材、实训配件，见表 4.2.1。

表 4.2.1　实训环境

项　目	具 体 信 息
硬件环境	PC 机 Pentium 处理器双核 2 GHz 以上，内存 4 GB 以上
操作系统	Windows7 64 位及以上操作系统
开发环境	IAR for ARM 集成开发环境
实训器材	nLab 未来实训平台：智能网关、3 × LiteB 节点（Wi-Fi）、Sensor-A/B/C 传感器
实训配件	USB 线，12 V 电源

四、实训步骤

1. 理解 CC3200 Wi-Fi 硬件

CC3200 最小系统如图 4.2.1 所示。

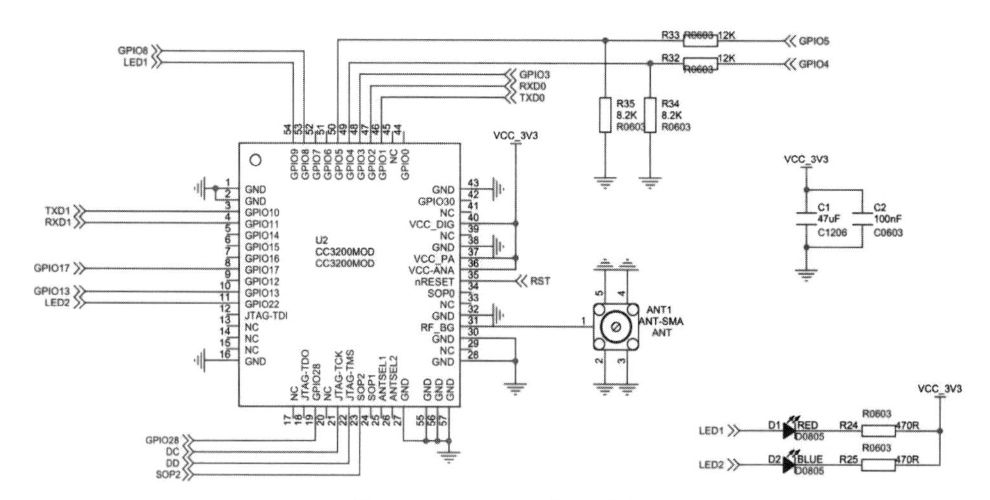

图 4.2.1　CC3200 最小系统

2. Wi-Fi 协议栈的安装、调试和下载

1）Wi-Fi 协议栈安装

（1）Wi-Fi 协议栈安装文件为“DISK-xLabBase\02-软件资料\02-无线节点”文件夹中的 CC3200-1.0.0x-SDK.zip。

（2）将 CC3200-1.0.0x-SDK.zip 解压后建议复制到计算机 C:\stack 文件夹中。

2）Wi-Fi 协议栈工程

（1）Wi-Fi 协议栈默认工程路径为 C:\stack\CC3200-1.0.0x-SDK\zonesion。

（2）协议栈内置 Template 工程，运行文件 Template\Template.eww 可打开工程，该工程是一个简单的示例程序，如图 4.2.2 所示。

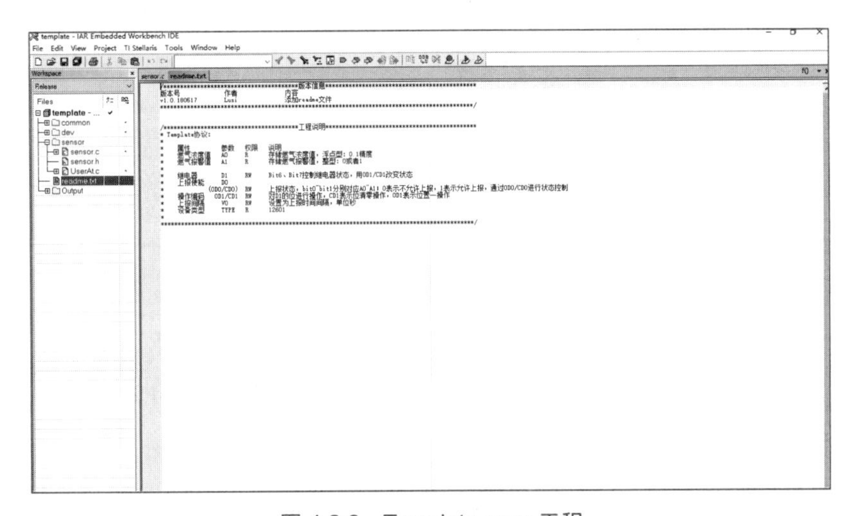

图 4.2.2　Template.eww 工程

（3）CC3200 SDK 的安装包名为 CC3200-1.0.0-SDK.exe，双击此安装包直接安装，安装完成后，协议栈会被安装到 C:\Texas Instruments\CC3200-1.0.0-SDK 路径下。进入此文件夹后，有 14 个文件。分别是 docs、driverlib、example、inc、middleware、netapps、oslib、simplelink、simplelink_extlib、third_party、ti_rtos、tools、zonesion 和 readme.txt 文件，目录如图 4.2.3 所示。

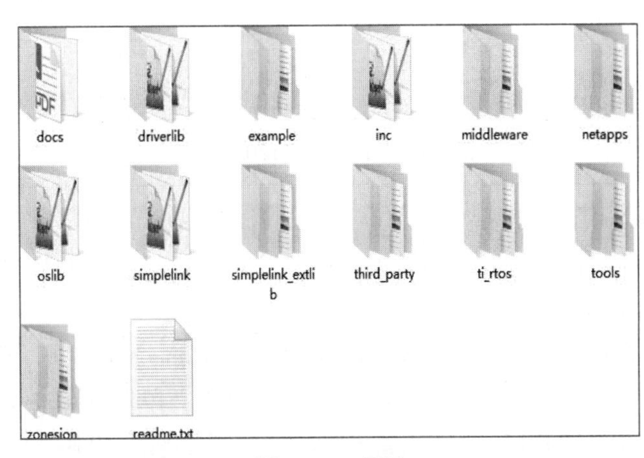

图 4.2.3　目录

（4）每个工程内有 ReadMe 文件，通过阅读该文件可以了解相关通信协议说明。

3）Wi-Fi 协议栈编译、调试：

以 Template 工程为例，运行文件 Template\Template.eww 可打开工程。

（1）编译工程：选择 Project → Rebuild All。或者直接单击工具栏中的 make 按钮 。编译成功后会在该工程的 zonesion\template\ewarm\Release\Exe 目录下生成 template.bin 和 Template.out 文件。

（2）调试 / 下载：正确连接 USB 线到 PC 机和 ZXBeeLiteB 节点，打开节点电源（上电）。

① 打开 CCS UniFlash，会弹出引导界面。单击带有下画线的蓝色字体的 New Target Configuration，弹出选项卡后单击 OK 按钮进入操作界面，如图 4.2.4 所示。

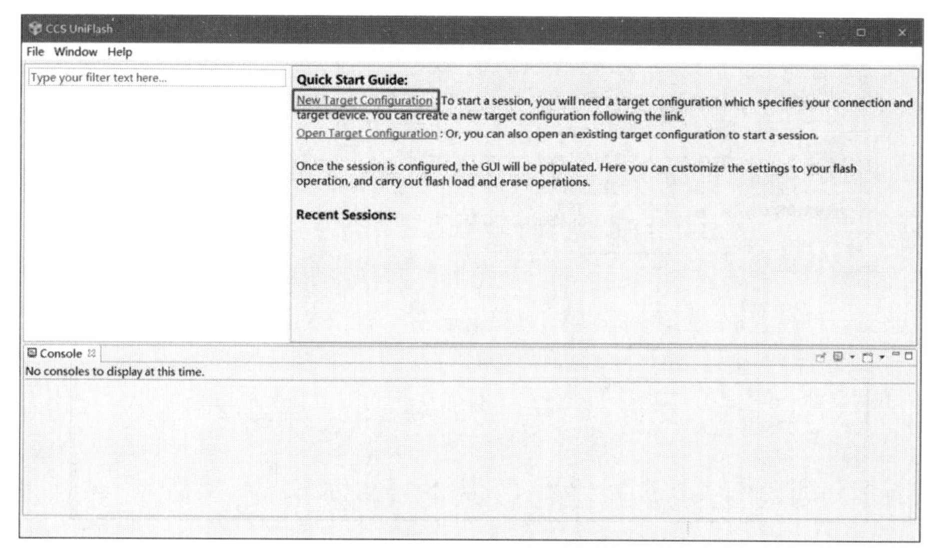

图 4.2.4　操作界面

配置要下载程序的芯片类型 CC3200，如图 4.2.5 所示。

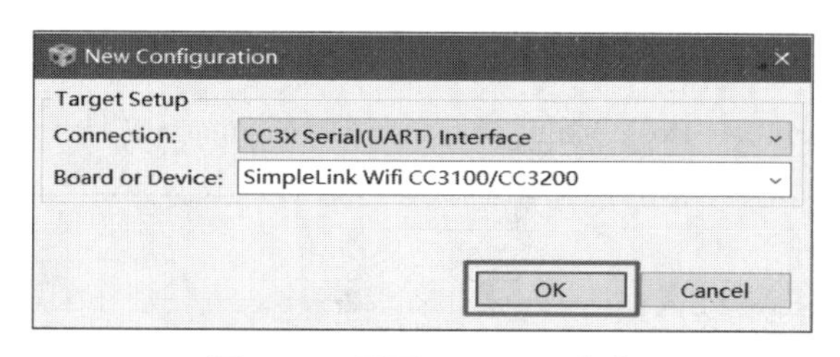

图 4.2.5　配置 CC3200 芯片

② 查看当前 USB 转串口工具占用的端口号（右键计算机→管理→设备管理器→端口），假如是 COM3，那么在 UniFlash 操作界面 COM Port 下的空白栏中填入 3，表示此软件通过 COM3 向芯片烧写程序，如图 4.2.6 所示。

③ 选中 UniFlash 操作界面左侧 System Files 下的 /sys/mcuimg.bin 选项，表明将要烧写的是 bin 文件，而不是前面实训中所说的 hex 文件，这一点需要注意。单击 /sys/mcuimg.bin 选项后，单击 Url 右侧空白栏后面的 Browse 按钮，选中需要下载的 bin 文件。选中 Erase、Update、Verify 复选框，如图 4.2.7 所示。

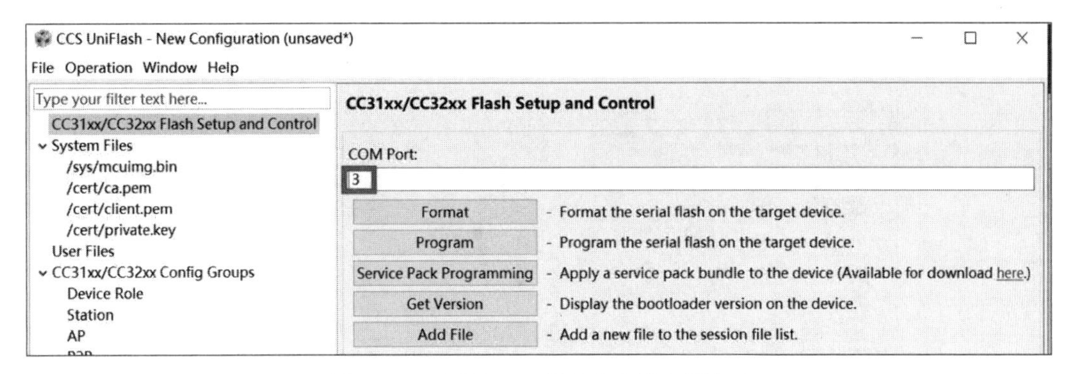

图 4.2.6　COM port 下的空白栏中填入 3

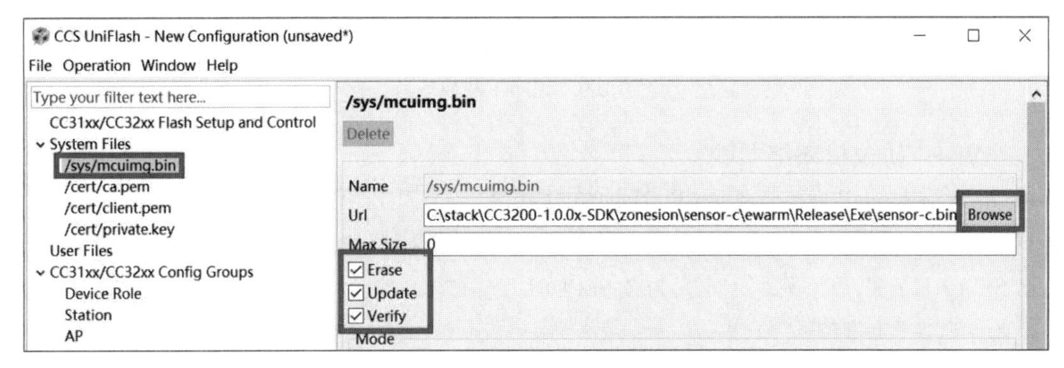

图 4.2.7　配置 /sys/mcuimg.bin 选项

④ 单击 CC31xx/CC32xx Flash Setup and Control→Program，或选择 Operation→Program，开始编程（此时节点板应处于上电状态，USB 转串口应正确和 CC3200 相连接）。当看到软件信息提示区域显示 please restart the device 时，按下复位按钮（按住 K2 按键不放，同时按一次 K3 复位键），用户程序便开始下载，当程序下载进度条弹出后可松开 K2 按键，当信息提示区域显示的下载信息为 Operation Program returned 的时候，表示用户程序下载完毕。再次按下底板上的复位按钮或者重新给节点板上电，新下载的用户程序开始运行，如图 4.2.8 所示。

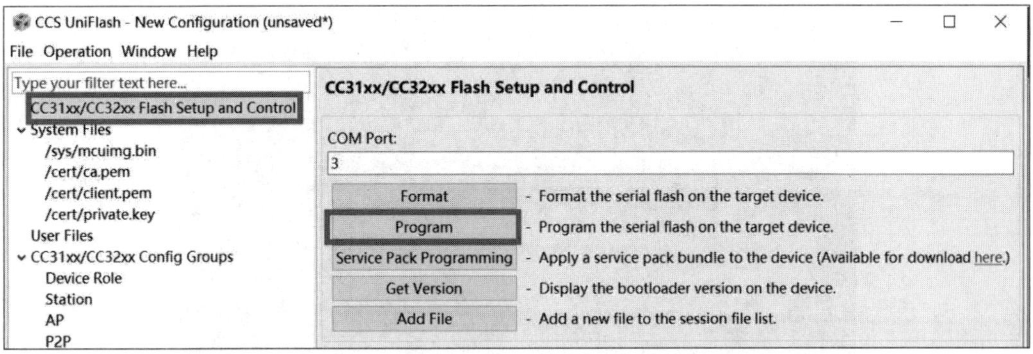

图 4.2.8　下载程序

程序下载成功后页面会显示操作成功，如图 4.2.9 所示。

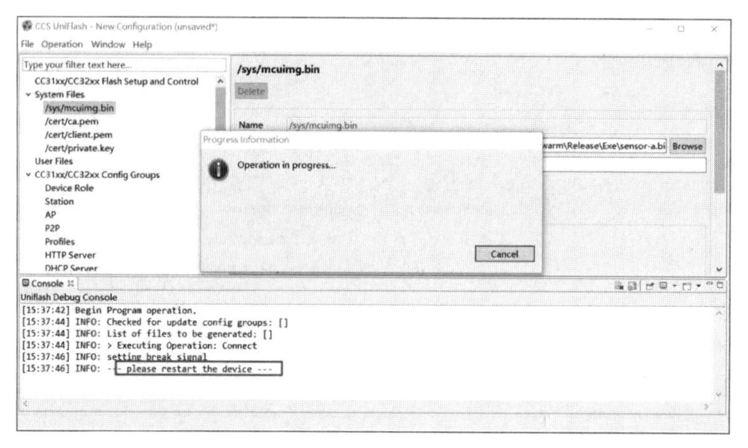

图 4.2.9 程序下载成功

3. Wi-Fi 协议栈网络参数

通过工程源码可以直接修改 Wi-Fi 节点的网络参数 AP SSID、密码和网络类型。

打开工程文件 common → wifi_cfg.h，其中 Wi-Fi 名称宏定义为 Z_SSID_NAME，安全类型宏定义为 Z_SECURITY_TYPE，密码宏定义为 Z_SECURITY_KEY。

```
//Wi-Fi 名称和密码
#define Z_SSID_NAME              "AndroidAP"    /* 热点名称 SSID */
#define Z_SECURITY_TYPE   SL_SEC_TYPE_OPEN   /* S 安全类型 (OPEN 或 WEP 或 WPA)*/
#define Z_SECURITY_KEY           "123456789"    /* 安全接入热点密码 */

// 网关 IP 地址                  0xC0A82B01     // 网关 ip192.168.43.1
#define GW_IP
#define GW_PORT                  7003
#define LO_PORT                  7004
```

4. Wi-Fi 网络拓扑结构

Wi-Fi 网络拓扑结构通过 ZCloudTools 工具可以查看，如图 4.2.10 所示。

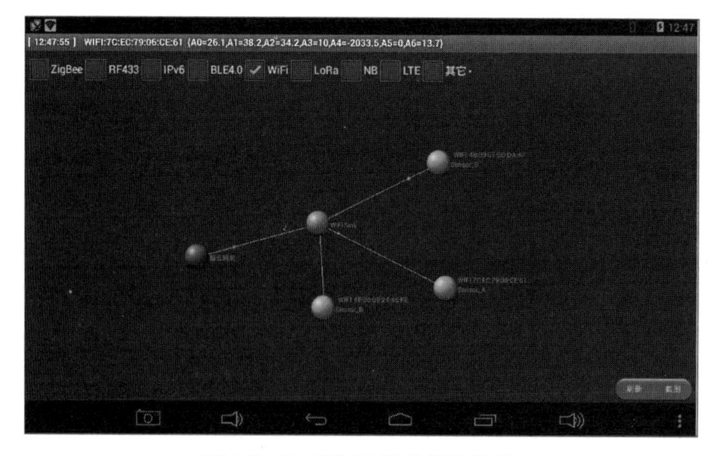

图 4.2.10 Wi-Fi 网络拓扑结构

5. 智云数据分析工具

（1）智云数据分析工具包含 xLabTools 和 ZCloudTools，分别对应硬件层数据调试和应用层数据调试。

① xLabTools 工具：通过 USB 线连接 ZXBeeLite 节点到计算机，运行 xLabTools 工具连入该节点的串口观察节点信息。可读取/修改节点的网络信息（地址、网关 IP、模块 IP、SSID、Wi-Fi 密码、加密类型）。功能区域介绍如图 4.2.11 所示。

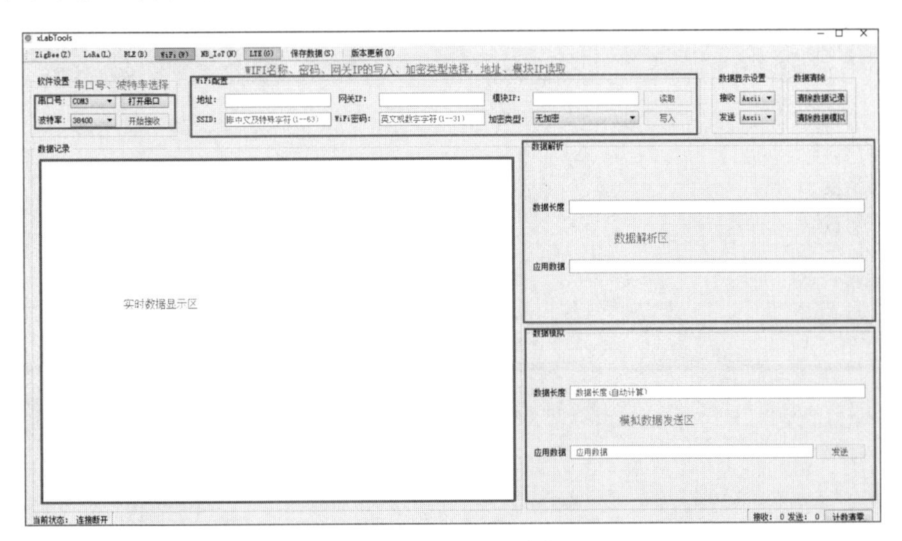

图 4.2.11　功能区域介绍

可以通过“读取”和“写入”选项对当前各个节点进行网络参数配置。注意：SSID、Wi-Fi 密码、网关 IP 必须与网关设置一致，若不一致，则需要重新“写入”，否则终端节点将无法加入该 Wi-Fi 网络，如图 4.2.12 所示。

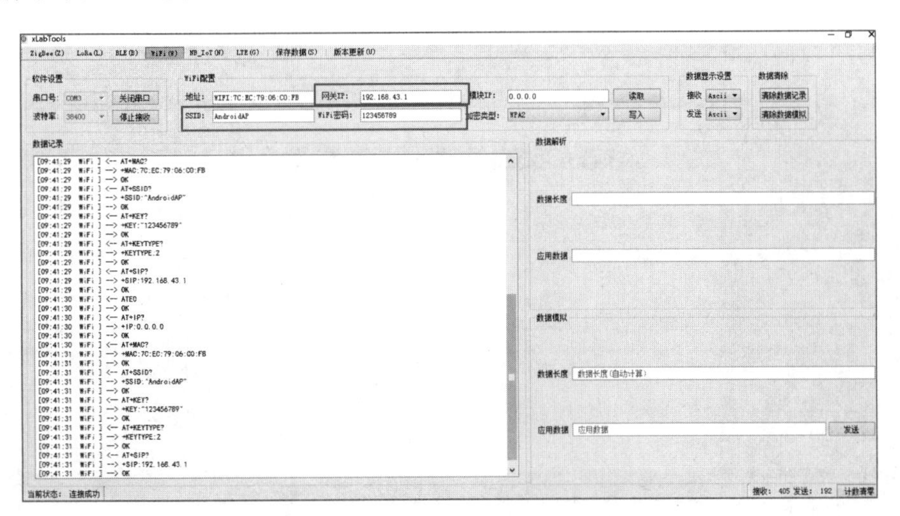

图 4.2.12　网关 IP、Wi-Fi 名称及密码

② ZCloudTools 工具：

a. 在网关插入网线，让网关与智云服务器连接。

b. 当 Wi-Fi 设备组网成功，并且正确设置智能网关将数据连接到智云端，此时可以通过 ZCloudTools 工具抓取和调试应用层数据，如图 4.2.13 所示。（ZCloudTools 包含 Android 和 Windows 两个版本。）

图 4.2.13　抓取和调试应用层数据

c. ZCloudTools 可查看网络拓扑图，了解设备组网状态。

d. ZCloudTools 可查看网络数据包，支持下行发送控制命令，如图 4.2.14 所示。

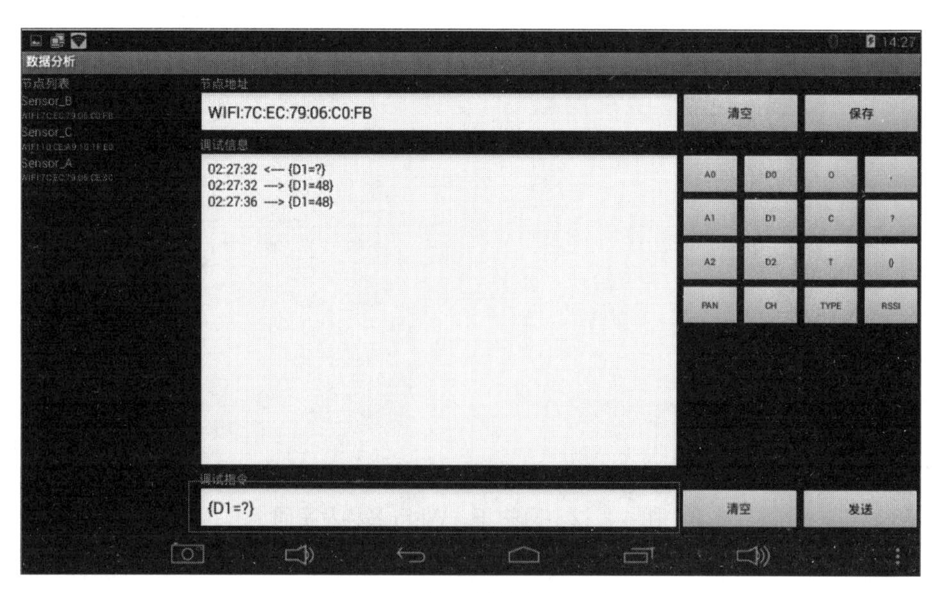

图 4.2.14　下行发送控制命令

（2）选择 Wi-Fi 设备构建智慧家居应用场景。通过智云数据分析工具对网络数据进行跟踪和调试。

① 选择 Sensor-A/B/C 传感器，模拟智慧家居环境监控系统（温度传感器）、智能饮水机系统（继电器）、智能安防系统（人体红外传感器）。

② Sensor-A 传感器默认 30 s 上传一次数据，通过 ZCloudTools 工具可以观察到数据及其变化（通过手触摸传感器改变温度值 A0 变化），如图 4.2.15 所示。

图 4.2.15　ZCloudTools 观察数据及其变化

③ Sensor-B 传感器继电器控制指令为：开（{OD1=64,D1=?}）、关（{CD1=64,D1=?}），通过 ZCloudTools 工具发送控制指令，观察继电器开关现象。ZCloudTools 工具界面如图 4.2.16 所示。xLabTools 功能界面如图 4.2.17 所示。

图 4.2.16　ZCloudTools 发送指令打开继电器

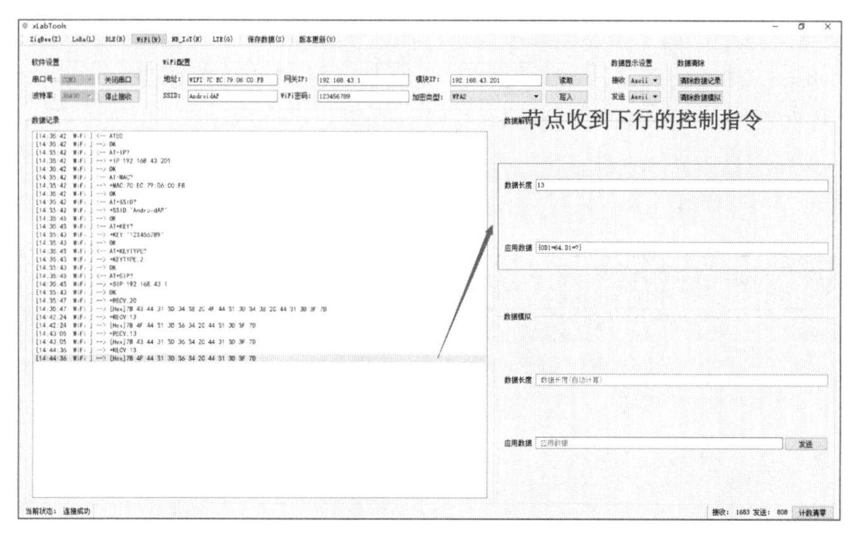

图 4.2.17　xLabTools 接收到下行的控制指令

五、实训拓展

（1）阅读《产品手册–nLab》第 12 章，理解智云传感器协议。

（2）通过 xLabTools 工具修改 SSID 和 Wi-Fi 密码，然后重新组网。

六、注意事项

Wi-Fi 组网时会使用网关的无线网络设备，连接智云服务器请使用有线网络。

七、实训评价

过程质量管理见表 4.2.2。

表 4.2.2　过程质量管理

姓名			组名	
评分项目		分值	得分	组内管理人
通用部分（40 分）	团队合作能力	10		
	实训完成情况	10		
	功能实现展示	10		
	解决问题能力	10		
专业能力（60 分）	设备连接与操作	10		
	掌握各种调试工具的使用	25		
	实训现象记录与描述	25		
过程质量得分				

实训 3　Wi-Fi 无线传感网程序分析

一、相关知识

Simplelink 协议栈中 main 函数是程序入口函数，程序由此开始执行。在上述代码中，程序首先对硬件进行了初始化，包括板载的初始化、systick 定时器初始化、DMA 控制初始化、引脚复用初始化、串口初始化等，有些初始化是用户自己可以改写的，如 systick 定时器的初始化，其代码完全可见；另外函数，由 TI 提供 API 供用户调用，但是不能看到源代码，如在板载初始化中的 MCU 初始化函数 PRCMCC3200MCUInit()，通过右键→ Goto 功能对函数进行跟踪，最后只能找到函数的声明，并不能找到函数的定义。

通过对 Simplelink 协议栈的执行原理和功能结构细致的分析，可以大致理解协议栈的工作逻辑和工作原理。但是要将 Simplelink 协议栈完整的使用起来对于初学者来说还是具有一定的困难，为了能够让初学者对 Simplelink 网络的使用快速上手，企业在原有的 Simplelink 协议栈上通过官方提供的 SimpleBLEPeripheral 历程开发了一套智云框架，在智云框架上省去了组建 Simplelink 网络和建立用户任务并定义用户事件的工作，让 Simplelink 网络的开发更方便简单。

二、实训目标

（1）掌握 Wi-Fi 程序框架。

（2）掌握用户接口的调用。

（3）理解关键函数的使用。

三、实训环境

实训环境包括硬件环境、操作系统、开发环境、实训器材、实训配件，见表 4.3.1。

表 4.3.1　实训环境

项　目	具 体 信 息
硬件环境	PC、Pentium 处理器机、双核 2 GHz 以上、内存 4 GB 以上
操作系统	Windows 7 64 位及以上操作系统
开发环境	IAR For ARM 集成开发环境
实训器材	nLab 未来实训平台：智能网关、LiteB 节点（Wi-Fi）
实训配件	USB 线、12 V 电源

四、实训步骤

1. 编译、下载和运行程序，组网

（1）准备智能网关和 Wi-Fi 无线节点及相关 Wi-Fi 协议栈工程。无线节点实训工程为 WiFiApiTest。将实训代码中 16-WiFi-Api 文件夹下的工程 WiFiApiTest 复制到 C:\stack\CC3200-1.0.0x-SDK\zonesion 文件夹下。

（2）打开实训代码中 WiFiApiTest 目录下的 WiFiApiTest.eww 工程，编译并下载到 LiteB-WiFi 节点。

（3）参考前面的内容将设备进行组网，并保证设备正常入网运行，数据通信正常。

2．Wi-Fi 协议栈框架关键函数调试

（1）阅读节点工程 BLEApiTest 内源码文件：ZXBeeBLEPeripheral_Main.c，掌握 BLE 框架程序的调用。BLE 框架程序函数及说明见表 4.3.2。

表 4.3.2　BLE 框架程序函数及说明

函数名称	函数说明
BoardInit ()	板载初始化
SysTickInit ()	初始化 systick 定时器
UDMAInit ()	初始化 DMA 控制
PinMuxConfig()	引脚复用配置
LEDInit()	LED 初始化
InitTerm()	配置串口
InitializeAppVariables()	初始化应用
ConfigureSimpleLinkToDefaultState()	配置 SimpleLink 为默认状态 (station)
sl_Start()	启动 SimpleLink 设备
ATCommandInit()	AT 指令初始化
ZXBeeInfInit()	获取网络配置
sensorInit()	传感器初始化
WlanConnect()	连接到 Wi-Fi 设备
sensorLoop()	循环定时数据上报

（2）阅读节点工程 WiFiApiTest 内源码文件：sensor.c，理解传感器应用的设计，见表 4.3.3。

表 4.3.3　sensor.c 函数及说明

函数名称	函数说明
sensorInit()	传感器硬件初始化
sensorLinkOn ()	节点入网成功操作函数
sensorUpdate()	传感器数据定时上报
sensorControl()	传感器/执行器控制函数
ZXBeeInfRecv()	解析接收到的传感器控制命令函数
MyEventProcess()	自定义事件处理函数，启动定时器触发事件 MY_REPORT_EVT

3．画出 Wi-Fi 框架函数调用关系图

Wi-Fi 无线节点程序流程图如图 4.3.1、图 4.3.2 所示。

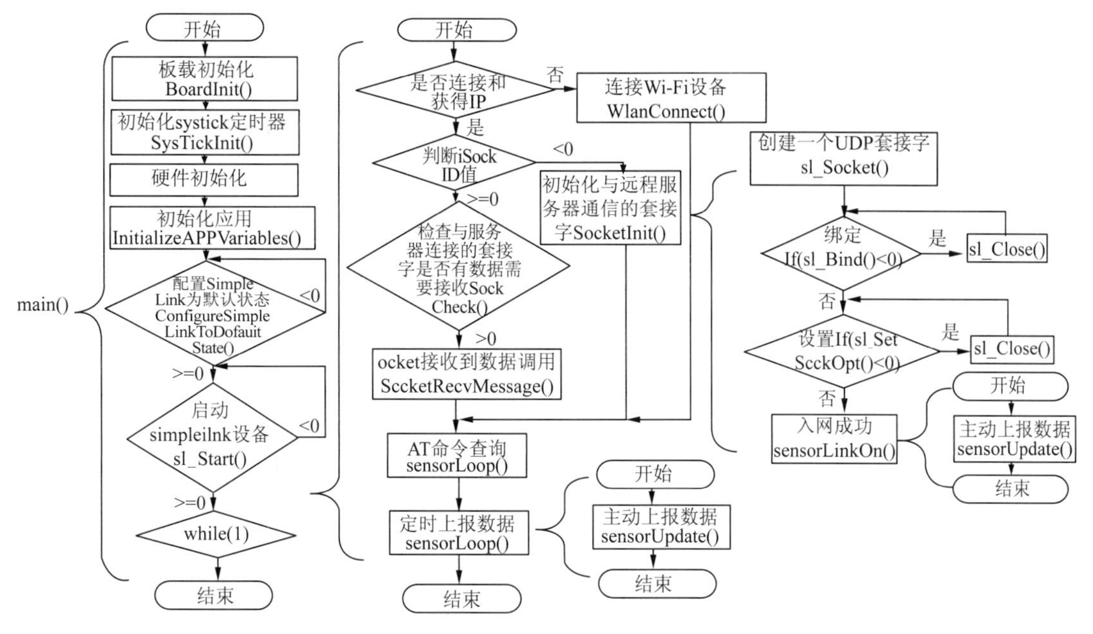

图 4.3.1　Wi-Fi 无线节点程序流程图 1

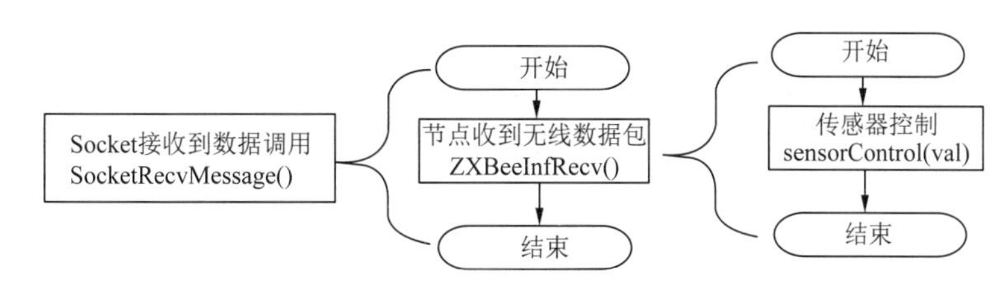

图 4.3.2　Wi-Fi 无线节点程序流程图 2

4．设计智慧家居系统协议

WiFiApiTest 工程以智慧家居项目为例，学习 Wi-Fi 协议栈程序的开发。sensor.c 传感器驱动内实现了一个温度传感器和继电器（传感器有程序模拟数据）的采集和控制，数据通信格式见表 4.3.4。

表 4.3.4　数据通信格式

数据方向	协议格式	说　明
上行（节点往应用发送数据）	temperature =X	X 表示采集的温度值
下行（应用往节点发送指令）	cmd=X	X 为 0 表示关闭继电器；X 为 1 表示开启继电器

5．智慧家居系统程序测试

WiFiApiTest 工程实现了智慧家居项目温度传感器（随机数模拟数据）的循环上报，以及继电器的远程控制功能。

（1）编译 WiFiApiTest 工程下载到 Wi-Fi 节点，与智能网关正确组网并配置网关服务连接到物联网云。

（2）通过 MiniUSB 线连接 Wi-Fi 节点到计算机，运行 xLabTools 工具查看程序的调用关系，并通过 ZCloudTools 工具查看应用层数据，如图 4.3.3、图 4.3.4 所示。

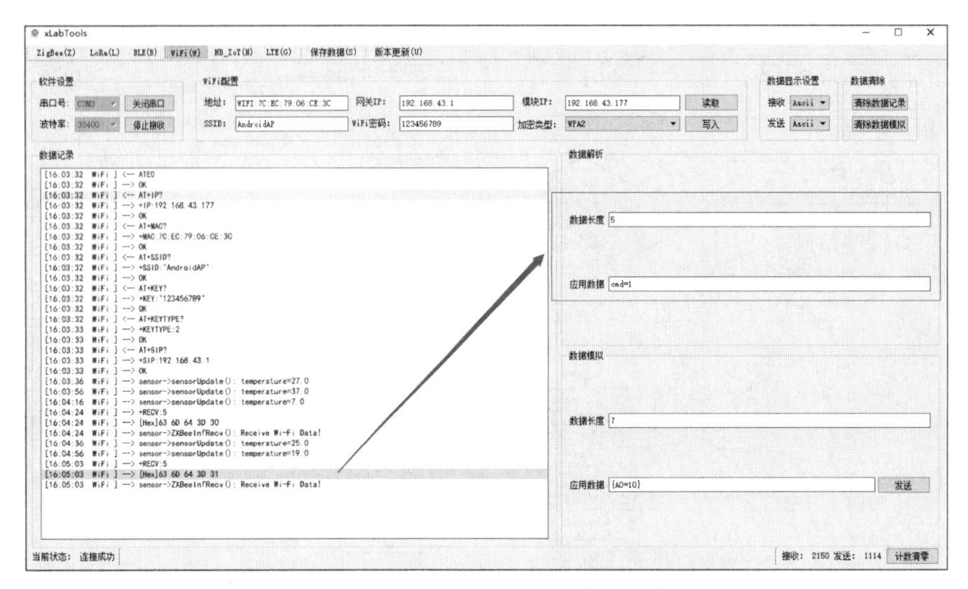

图 4.3.3 xLabTools 查看程序的调用关系

图 4.3.4 ZCloudTools 查看应用层数据

根据程序设定，Wi-Fi 节点每隔 20 s 会上传一次光强数据到应用层（温度数据是通过随机数产生的）。同时，通过 ZCloudTools 工具发送继电器控制指令（cmd=1 开启继电器；cmd=0 关闭继电器），可以对 Wi-Fi 节点继电器进行开关控制。

五、实训拓展

（1）深入理解 Wi-Fi 协议栈，理解协议栈运行机制。

（2）分析程序代码，了解程序运行机制。

六、注意事项

（1）下载程序时，需要按住 K2 按键，同时按 K3 复位键一次，然后松手等待下载即可，如果此时多次开关电源或按复位键，可能会使程序下载失败。

（2）用 Uniflash 软件烧写节点程序时，将 bin 文件复制到没有中文目录的文件夹下烧录，有中文目录有时候会报错。

（3）当使用云服务时，开启远程服务时，要求网关和应用终端连接互联网，并使用 Android 智能网关内置的 ID/KEY；当开启本地服务时，要求网关和应用终端连接到同一局域网，此时应用（包括 ZCloudTools 工具）的服务地址为网关的 IP 地址。

七、实训评价

过程质量管理见表 4.3.5。

表 4.3.5　过程质量管理

姓名			组名	
评分项目		分值	得分	组内管理人
通用部分（40 分）	团队合作能力	10		
	实训完成情况	10		
	功能实现展示	10		
	解决问题能力	10		
专业能力（60 分）	设备的连接和实训操作	10		
	掌握用户接口及调用关系	20		
	关键函数的使用和理解	10		
	实训现象记录与描述	20		
过程质量得分				

实训 4　Wi-Fi 家居环境采集系统

一、相关知识

Wi-Fi 无线网络的使用过程中最为重要的功能之一就是能够实现远程的数据传输，通过 Wi-Fi 无线节点将采集的数据通过 Wi-Fi 网络将大片区域的传感器数据在网关汇总，并为数据分析和处理提供数据支持。

数据采集可以归纳为以下三种逻辑事件：

（1）节点定时采集数据并上报。

（2）节点接收到查询指令后立刻响应并反馈实时数据。

（3）能够远程设定节点传感器数据的更新时间。

二、实训目标

（1）掌握采集类传感器程序逻辑设计。

（2）掌握智云采集类程序应用框架。

（3）学习网络数据包的解析处理。

（4）了解温度传感器的使用。

三、实训环境

实训环境包括硬件环境、操作系统、开发环境、实训器材、实训配件，见表 4.4.1。

表 4.4.1　实训环境

项　目	具体信息
硬件环境	PC、Pentium 处理器机、双核 2 GHz 以上、内存 4 GB 以上
操作系统	Windows 7 64 位及以上操作系统
开发环境	IAR For ARM 集成开发环境
实训器材	nLab 未来实训平台：智能网关、LiteB 节点（Wi-Fi）、Sensor-A 传感器
实训配件	USB 线、12 V 电源

四、实训步骤

1. 理解家居环境采集系统设备选型

（1）家居环境采集硬件框图设计。温度采集使用了外接传感器，外接传感器使用的是 HTU21D，通过 IIC 总线与 CC3200 Wi-Fi 芯片进行通信，如图 4.4.1 所示。

（2）硬件电路设计。HTU21D 传感器采用 IIC 总线，其中 SCL 连接到 CC3200 单片机的 P0_0 端口，SDA 连接到 CC3200 单片机的 P0_1 端口，如图 4.4.2 所示。

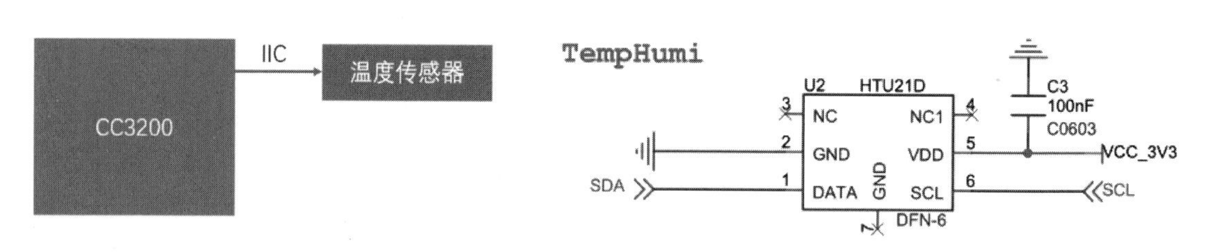

图 4.4.1　家居环境采集硬件框图

图 4.4.2　硬件电路设计

2. 编译、下载和运行程序，组网

（1）准备智能网关和 Wi-Fi 无线节点（接 Sensor-A 传感器）及相关 Wi-Fi 协议栈工程：温度传感器节点实训工程为 WiFiTemperature，将实训代码中 17-WiFi-Temperature 文件夹下的工程

WiFiTemperature 复制到 C:\stack\CC3200-1.0.0x-SDK\zonesion 文件夹下。

（2）重新编译程序，并下载到设备中。

（3）参考前面的内容将设备进行组网，并保证设备正常入网运行，数据通信正常。

3. 设计家居环境采集系统协议

温度传感器节点 WiFiTemperature 工程实现了家居环境采集系统，该程序实现了以下功能：

（1）节点入网后，每隔 20 s 上行上传一次温度传感器数值。

（2）应用层可以下行发送查询命令读取最新的温度传感器数值。

WiFiTemperature 工程采用类 josn 格式的通信协议（{[参数]=[值],{[参数]=[值],…}），具体见表 4.4.2。

表 4.4.2　通信协议

数据方向	协议格式	说　明
上行（节点往应用发送数据）	{ temperature =X}	X 表示采集的温度值
下行（应用往节点发送指令）	{ temperature =?}	查询温度值，返回：{ temperature =X}，X 表示采集的温度值

4. 采集类传感器程序调试

温度传感器节点 WiFiTemperature 工程采用智云传感器驱动框架开发，实现了温度传感器的定时上报、温度传感器数据的查询、无线数据包的封包 / 解包等功能。下面详细分析家居环境采集系统项目的采集类传感器的程序逻辑。

（1）传感器应用部分：在 sensor.c 文件中实现，包括温度传感器硬件设备初始化（sensorInit()）、温度传感器节点入网调用（ sensorLinkOn() ）、温度传感器数据上报（ sensorUpdate() ）、处理下行的用户命令（ZXBeeUserProcess()）、循环定时触发上报数据（sensorLoop()），具体见表 4.4.3。

表 4.4.3　温度传感器应用函数及说明

函数名称	函数说明
sensorInit()	温度传感器硬件设备初始化
sensorLinkOn()	温度传感器节点入网调用
sensorUpdate()	温度传感器数据上报
ZXBeeUserProcess()	处理下行的用户命令
sensorLoop()	循环定时触发上报数据

（2）温度传感器驱动：在 htu21d.c 文件中实现，通过调用 IIC 驱动实现对温度传感器实时数据的采集。函数及说明见表 4.4.4。

表 4.4.4　温度传感器驱动函数及说明

函数名称	函数说明
htu21d_init()	温度传感器 HTU21D 初始化
htu21d_get_data ()	获取温度传感器 HTU21D 实时温度数据
htu21d_read_reg()	连续读出温度传感器 HTU21D 内部数据

（3）无线数据的收发处理：在 zxbee-inf.c 文件中实现，包括 WiFi 无线数据的收发处理函数。

（4）无线数据的封包/解包：在 zxbee.c 文件中实现，封包函数有 ZXBeeBegin()、ZXBeeAdd(char* tag, char* val)、ZXBeeEnd(void)，解包函数有 ZXBeeDecodePackage(char *pkg, int len)。

5. 采集类传感器程序关系图

温度采集类传感器协议栈详细程序流程图如图 4.4.3 所示。

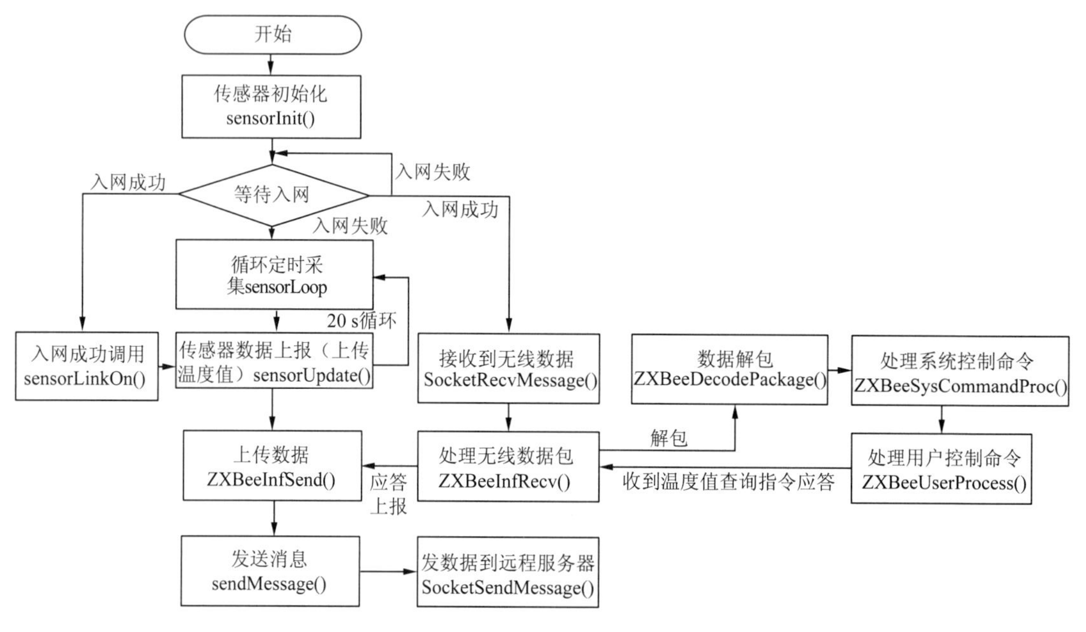

图 4.4.3 温度采集类传感器程序流程图

6. 家居环境采集系统测试

WiFiTemperature 工程实现了智慧家居项目温度传感器的 20 s 循环数据上报，并支持实时温度数据的下行查询。

（1）编译 WiFiTemperature 工程下载到光强传感器节点，与智能网关正确组网并配置网关服务连接到物联网云。

（2）通过 MiniUSB 线连接光强传感器节点到计算机，运行 xLabTools 工具查看节点接收到的数据，并通过 ZCloudTools 工具查看应用层数据，如图 4.4.4、图 4.4.5 所示。

根据程序设定，温度传感器节点每隔 20 s 会上传一次温度数据到应用层。同时，通过 ZCloudTools 工具发送温度查询指令（{ temperature =?}），程序接收到响应后将会返回实时温度值到应用层。

（3）通过触摸温度传感器可以改变温度传感器的数值变化。

（4）修改程序循环上报时间间隔，记录温度传感器温度值的变化。

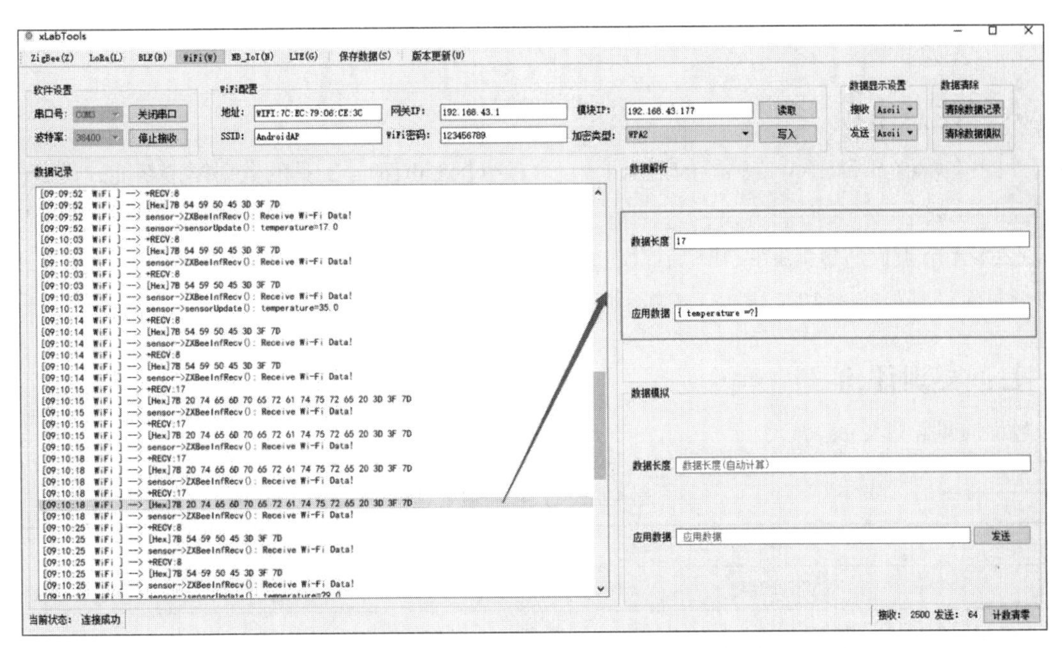

图 4.4.4　xLabTools 查看节点接收到的数据

图 4.4.5　ZCloudTools 发送温度查询指令

五、实训拓展

（1）修改程序，实现家居环境 HTU21D 温湿度传感器的湿度数据采集。

（2）修改程序，实现当温度值波动较大时才上传温度数据。

六、注意事项

（1）在没有 Sensor-A 传感器的情况下，可以通过 xLabTools 工具的数据模拟功能，设置模拟的“温度”数据进行定时上传。

（2）当节点仅通过 USB 线供电启动时，由于电流不足，会导致传感器数据异常，此时需要将节点通过实训基板接入 12 V 供电（电源开关要按下）。

七、实训评价

过程质量管理见表 4.4.5。

表 4.4.5　过程质量管理

姓名			组名	
评分项目		分值	得分	组内管理人
通用部分（40 分）	团队合作能力	10		
	实训完成情况	10		
	功能实现展示	10		
	解决问题能力	10		
专业能力（60 分）	设备的连接和实训操作	10		
	掌握采集类传感器程序设计	20		
	掌握数据包解析和封包处理	10		
	实训现象记录和描述	20		
过程质量得分				

实训 5　Wi-Fi 家居智能饮水机系统

一、相关知识

Wi-Fi 的远程设备控制有很多场景可以使用如家居风扇控制、家居环境灯光控制、家居智能电饭煲控制等。

针对控制节点，其主要的关注点还是要了解控制节点对设备控制是否有效，以及控制结果。控制类节点逻辑事件可分为以下三种：

（1）远程设备对节点发送控制指令，节点实时响应并执行操作。

（2）远程节点发送查询指令后，节点实时响应并反馈设备状态。

（3）控制节点设备工作状态的实时上报。

二、实训目标

（1）掌握控制类传感器程序逻辑设计。

（2）掌握智云控制类程序应用框架。

（3）学习网络数据包的解析处理。

（4）了解继电器的使用。

三、实训环境

实训环境包括硬件环境、操作系统、开发环境、实训器材、实训配件，见表 4.5.1。

表 4.5.1　实训环境

项　目	具体信息
硬件环境	PC、Pentium 处理器机、双核 2 GHz 以上、内存 4 GB 以上
操作系统	Windows 7 64 位及以上操作系统
开发环境	IAR For ARM 集成开发环境
实训器材	nLab 未来实训平台：智能网关、LiteB 节点（Wi-Fi）、Sensor-B 传感器
实训配件	USB 线、12 V 电源

四、实训步骤

1. 理解家居智能饮水机系统设备选型

（1）家居智能饮水机控制系统硬件框图如图 4.5.1 所示。CC3200 通过 I/O 引脚来控制继电器。

（2）继电器原理如图 4.5.2 所示。

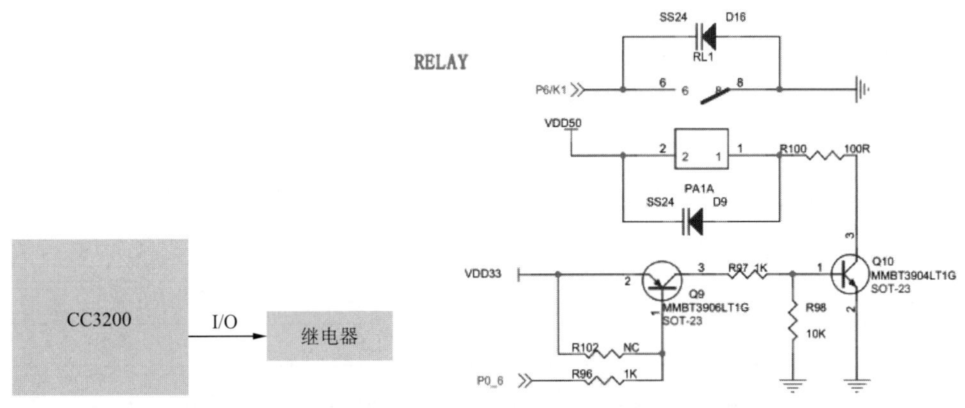

图 4.5.1　家居智能饮水机控制系统硬件框图　　　图 4.5.2　继电器原理图

2. 编译、下载和运行程序，组网

（1）准备智能网关和 Wi-Fi 无线节点（接 Sensor-B 传感器）及相关 Wi-Fi 协议栈工程。温度传感器节点实训工程为 WiFiRelay，将实训代码中 18-WiFi-Relay 文件夹下的工程 WiFiR elay 复制到 C:\stack\CC3200-1.0.0x-SDK\zonesion 文件夹下。

（2）重新编译程序，并下载到设备中。

（3）参考前面的内容将设备进行组网，并保证设备正常入网运行，数据通信正常。

3. 设计家居智能饮水机控制系统协议

继电器节点 WiFiRelay 工程实现了家居智能饮水机控制系统，该程序实现了以下功能：

（1）节点入网后，每隔 20 s 上行上传一次继电器状态数值。

（2）应用层可以下行发送查询命令读取当前的继电器状态数值。

（3）应用层可以下行发送控制命令控制继电器开关。

WiFiRelay 工程采用类 josn 格式的通信协议（{[参数]=[值],{[参数]=[值],…}），具体见表 4.5.2。

表 4.5.2 通信协议

数据方向	协议格式	说明
上行（节点往应用发送数据）	{switchStatus=X}	X 为 0 表示关闭；X 为 1 表示开空调；2 表示开加湿器；X 为 3 表示开空调和加湿器
下行（应用往节点发送指令）	{switchStatus=?}	查询当前继电器状态，返回：{ switchStatus =X}。X 为 0 表示关闭；X 为 1 表示开空调；X 为 2 表示开加湿器；3 表示开空调和加湿器
	{cmd=X}	继电器控制指令，X 为 0 表示关闭；X 为 1 表示开空调；X 为 2 表示开加湿器；X 为 3 表示开空调和加湿器

4. 控制类传感器程序调试

继电器节点 WiFiRelay 工程采用智云传感器驱动框架开发，实现了继电器的远程控制、继电器当前状态的查询、继电器状态的循环上报、无线数据包的封包 / 解包等功能。下面详细分析家居智能饮水机控制系统项目的控制类传感器的程序逻辑。

（1）传感器应用部分：在 sensor.c 文件中实现，包括电动机传感器硬件设备初始化（sensorInit()）、电动机传感器节点入网调用（sensorLinkOn()）、电动机传感器状态上报（sensorUpdate()）、电动机传感器控制（sensorControl()）、处理下行的用户命令（ZXBeeUserProcess()）、循环定时触发（sensorLoop()）。具体见表 4.5.3。

表 4.5.3 传感器应用函数及说明

函数名称	函数说明
sensorInit()	电动机传感器硬件设备初始化
sensoLinkOn()	电动机传感器节点入网调用
sensoUpdate()	电动机传感器状态上报
sensorControl()	电动机传感器控制
ZXBeeUserProcess()	处理下行的用户命令
sensorLoop ()	循环定时触发

（2）继电器驱动：在 stepmotor.c 文件中实现，实现电动机硬件初始化、电动机正转、电动机反转等功能。具体见表 4.5.4。

表 4.5.4　继电器驱动函数及说明

函数名称	函数说明
relay_init()	继电器初始化
relay_on()	控制继电器开
relay_off()	控制继电器关
relay_control()	控制继电器开关

（3）无线数据的收发处理：在 zxbee-inf.c 文件中实现，包括 Wi-Fi 无线数据的收发处理函数。

（4）无线数据的封包/解包：在 zxbee.c 文件中实现，封包函数有 ZXBeeBegin()、ZXBeeAdd(char* tag, char* val)、ZXBeeEnd(void)，解包函数有 ZXBeeDecodePackage(char *pkg, int len)。

5. 控制类传感器程序关系图

继电器控制类传感器程序关系图如图 4.5.3 所示。

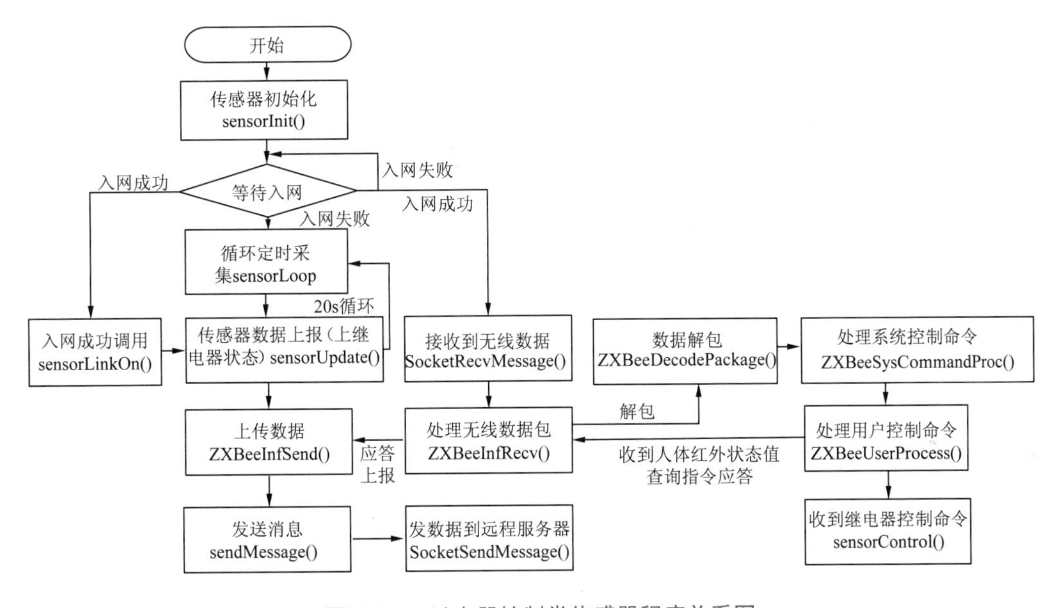

图 4.5.3　继电器控制类传感器程序关系图

6. 家居智能饮水机控制系统测试

WiFiRelay 工程实现了智慧家居项目继电器的远程控制、状态上报、状态查询等功能。

（1）编译 WiFiRelay 工程下载到继电器节点，与智能网关正确组网并配置网关服务连接到物联网云。

（2）通过 MiniUSB 线连接电动机传感器节点到计算机，运行 xLabTools 工具查看节点接收到的数据，并通过 ZCloudTools 工具查看应用层数据，如图 4.5.4、图 4.5.5 所示。

根据程序设定，继电器节点每隔 20 s 会上传一次继电器状态到应用层。

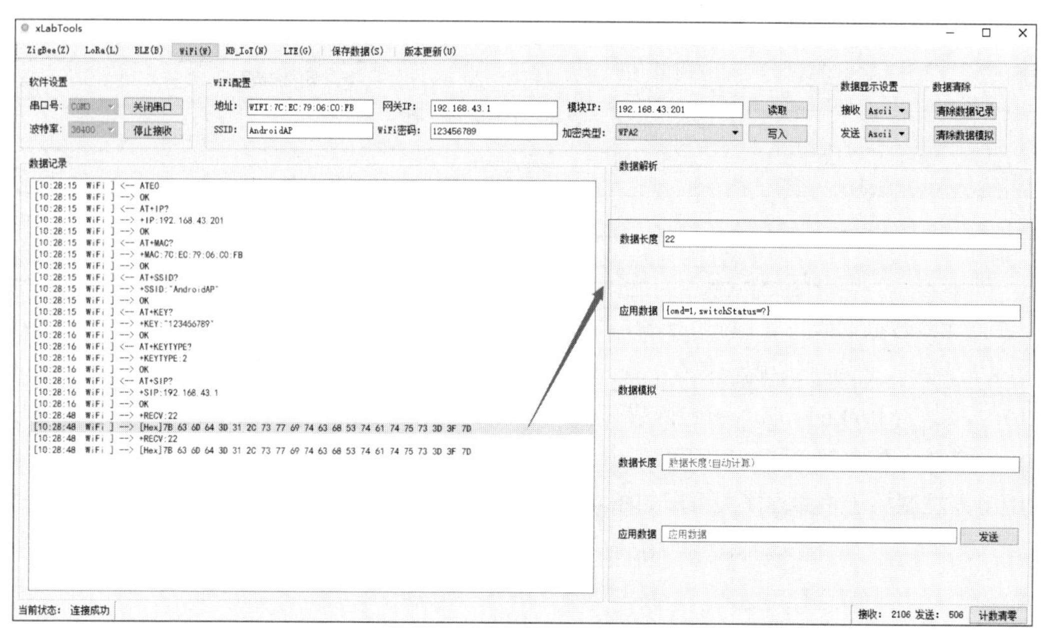

图 4.5.4　xLabTools 工具查看节点接收到的数据

图 4.5.5　ZCloudTools 工具查看应用层数据

（3）通过 ZCloudTools 工具发送继电器状态查询指令（{switchStatus=?}），程序接收到响应后将会返回当前继电器状态到应用层。

（4）通过 ZCloudTools 工具发送继电器控制指令（关闭指令 {cmd=0}，开空调指令 {cmd=1}，

开加湿器指令 {cmd=2}，开空调和加湿器指令 {cmd=3}），程序接收到响应后将会控制继电器执行相应的动作。

五、实训拓展

（1）修改程序，实现家居智能风扇控制的风扇设备控制。

（2）思考控制类节点为什么要定时上报传感器状态。

（3）修改程序，实现控制类传感器在控制完成后立即返回一次新的传感器状态。

六、注意事项

当节点仅通过 USB 线供电启动时，由于电流不足，会导致传感器数据异常，此时需要将节点通过实训基板接入 12 V 供电（电源开关要按下）。

七、实训评价

过程质量管理见表 4.5.5。

表 4.5.5　过程质量管理

姓名			组名	
评分项目		分值	得分	组内管理人
通用部分（40 分）	团队合作能力	10		
	实训完成情况	10		
	功能实现展示	10		
	解决问题能力	10		
专业能力（60 分）	设备的连接和实训操作	10		
	掌握控制类传感器程序设计	20		
	掌握数据包解析和封包处理	10		
	实训现象记录和描述	20		
过程质量得分				

实训 6　Wi-Fi 家居智能安防系统

一、相关知识

Wi-Fi 节点的报警功能有很多场景可以使用如家居非法人员闯入、家居燃气报警、家居火焰报警等。远程信息预警可以归纳为以下四种逻辑事件：

（1）节点安全信息定时获取并上报。

（2）当节点监测到危险信息时系统能迅速上报危险信息。

（3）当危险信息解除时系统能够恢复正常。

（4）当监测到查询信息时，节点能够响应指令并反馈安全信息。

二、实训目标

（1）掌握安防类传感器程序逻辑设计。

（2）掌握智云安防类程序应用框架。

（3）学习网络数据包的解析处理。

（4）了解人体红外传感器的使用。

三、实训环境

实训环境包括硬件环境、操作系统、开发环境、实训器材、实训配件，见表 4.6.1。

表 4.6.1　实训环境

项　目	具 体 信 息
硬件环境	PC、Pentium 处理器机、双核 2 GHz 以上、内存 4 GB 以上
操作系统	Windows 7 64 位及以上操作系统
开发环境	IAR For 8051 集成开发环境
实训器材	nLab 未来实训平台：智能网关、LiteB 节点（Wi-Fi）、Sensor-C 传感器
实训配件	USB 线、12 V 电源

四、实训步骤

1．理解家居智能安防系统设备选型

（1）家居智能安防硬件框图设计，如图 4.6.1 所示。人体红外检测使用了外接传感器，外接传感器使用的是 AS312，通过 I/O 口与 CC3200 Wi-Fi 芯片进行通信。

（2）硬件电路设计，如图 4.6.2 所示。

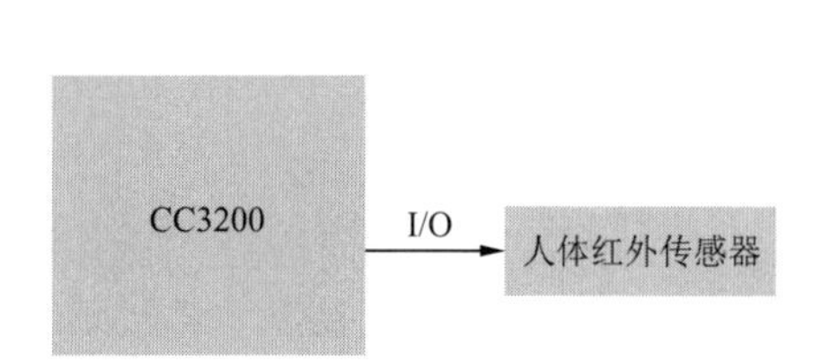

图 4.6.1　家居智能安防硬件框图

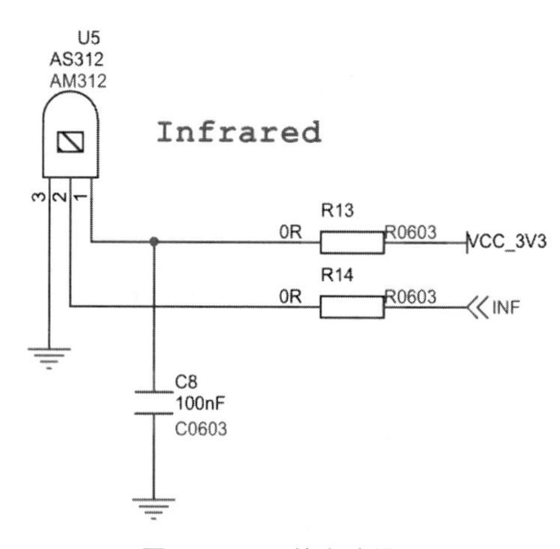

图 4.6.2　硬件电路设计

2. 编译、下载和运行程序，组网

（1）准备智能网关和 Wi-Fi 无线节点（接 Sensor-C 传感器）及相关 Wi-Fi 协议栈工程。人体红外传感器节点实训工程为 WiFiInfrared，将实训代码中 19-WiFi-Infrared 文件夹下的工程 WiFiInfrared 复制到 C:\stack\CC3200-1.0.0x-SDK\zonesion 文件夹下。

（2）重新编译程序，并下载到设备中。

（3）参考前面的内容将设备进行组网，并保证设备正常入网运行，数据通信正常。

3. 设计家居智能安防系统协议

人体红外传感器节点 WiFiInfrared 工程实现了家居智能安防系统，该程序实现了以下功能：

（1）节点入网后，每隔 20 s 上行上传一次人体红外传感器状态。

（2）程序每隔 1 ms 检测一次人体红外传感器状态。

（3）应用层可以下行发送查询命令读取最新的人体红外传感器数值。

WiFiInfrared 工程采用类 josn 格式的通信协议（{[参数]=[值],{[参数]=[值],…}），具体见表 4.6.2。

表 4.6.2　通信协议

数据方向	协议格式	说　明
上行（节点往应用发送数据）	{infraredStatus=X}	X 表示采集的人体红外状态值
下行（应用往节点发送指令）	{infraredStatus=?}	查询人体红外状态值，返回：{ infraredStatus =X}。X 表示采集的人体红外状态值

4. 安防类传感器程序调试

人体红外传感器节点 WiFiInfrared 工程采用智云传感器驱动框架开发，实现了人体红外传感器状态的查询、人体红外传感器状态的循环上报、无线数据包的封包 / 解包等功能。下面详细分析家居智能安防项目中安防类传感器的程序逻辑。

（1）传感器应用部分：在 sensor.c 文件中实现，包括人体红外传感器硬件设备初始化（sensorInit()）、人体红外传感器节点入网调用（sensorLinkOn()）、人体红外传感器光强值和报警状态的上报（sensorUpdate()）、人体红外传感器预警实时监测并处理（sensorCheck()）、处理下行的用户命令（ZXBeeUserProcess()）、循环定时触发（sensorLoop()）。具体见表 4.6.3。

表 4.6.3　传感器应用函数

函数名称	函数说明
sensorInit()	人体红外传感器硬件设备初始化
sensorLinkOn()	人体红外传感器节点入网调用
sensorUpdate()	人体红外传感器光强值和报警状态的上报
sensorCheck()	人体红外传感器预警实时监测并处理
ZXBeeUserProcess()	处理下行的用户命令
sensorLoop ()	循环定时触发

（2）人体红外传感器驱动：在 infrared.c 文件中实现，通过调用 I/O 口来检测人体红外传感器实时状态，见表 4.6.4。

表 4.6.4　人体红外传感器驱动函数

函数名称	函数说明
infrared_init ()	人体红外传感器初始化
get_infrared_status ()	获取人体红外传感器状态

（3）无线数据的收发处理：在 zxbee-inf.c 文件中实现，包括 Wi-Fi 无线数据的收发处理函数。

（4）无线数据的封包/解包：在 zxbee.c 文件中实现，封包函数有 XBeeBegin()、ZXBeeAdd(char* tag, char* val)、ZXBeeEnd(void)，解包函数有 ZXBeeDecodePackage(char *pkg, int len)。

5．安防类传感器程序关系图

家居智能安防类传感器程序关系图如图 4.6.3 所示。

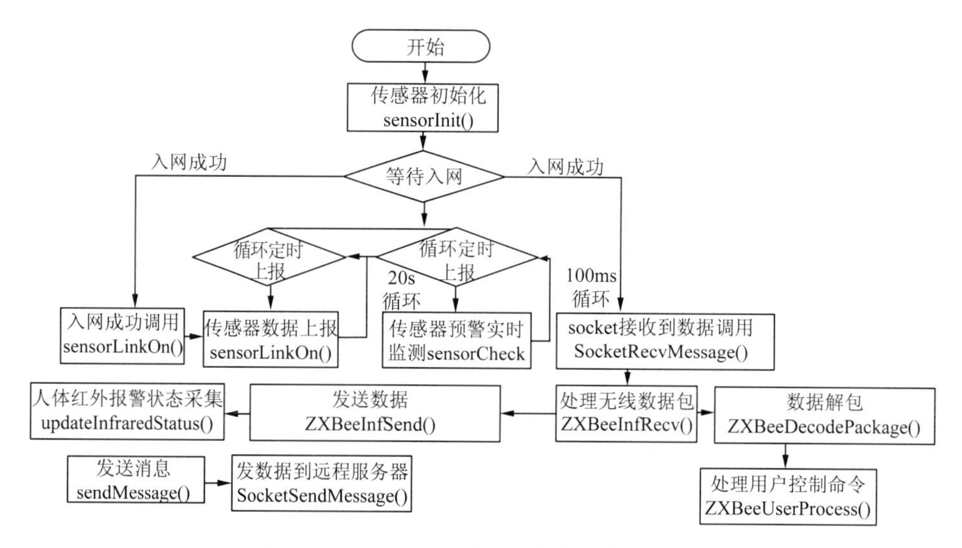

图 4.6.3　家居智能安防类传感器程序关系图

6．家居智能安防系统测试

WiFiInfrared 工程实现了智慧家居项目人体红外传感器状态的 20 s 循环数据上报，实时监测人体红外传感器状态并及时上报，并支持实时人体红外传感器状态的下行查询。

（1）编译 WiFiInfrared 工程下载到人体红外传感器节点，与智能网关正确组网并配置网关服务连接到物联网云。

（2）通过 MiniUSB 线连接人体红外传感器节点到计算机，运行 xLabTools 工具查看节点接收到的数据，并通过 ZCloudTools 工具查看应用层数据。如图 4.6.4、图 4.6.5 所示。

（3）根据程序设定，人体红外传感器节点每隔 20 s 会上传一次人体红外状态到应用层。同时，通过 ZCloudTools 工具发送人体红外状态查询指令（{infraredStatus=?}），程序接收到响应后将会返回实时人体红外状态到应用层。

（4）通过手指在传感器上方晃动可以改变人体红外传感器的状态变化。

（5）通过（4）的操作与观察，理解安防类传感器的应用场景。

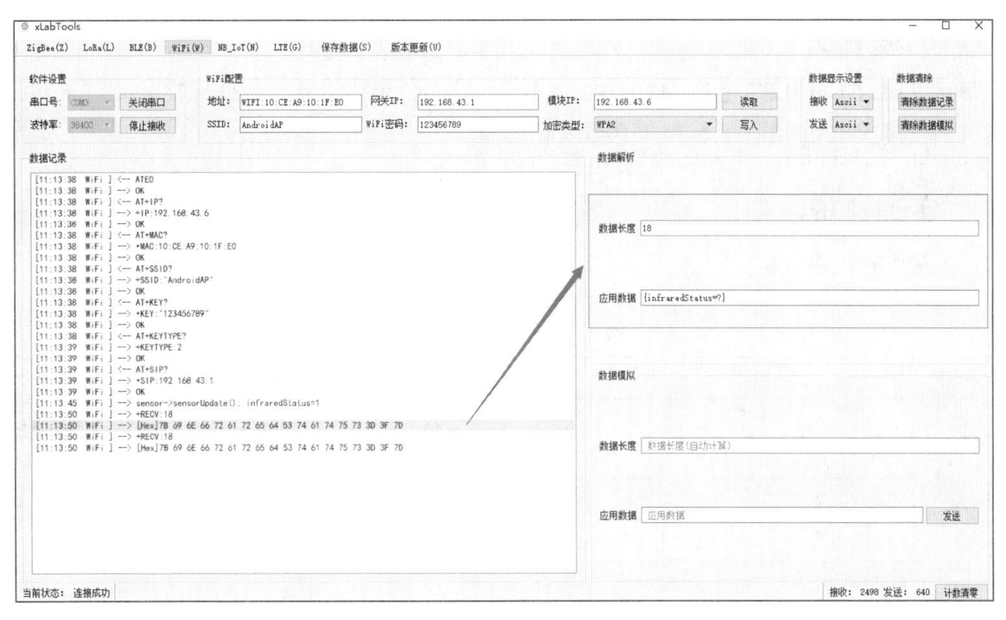

图 4.6.4　xLabTools 查看节点接收到的数据

图 4.6.5　ZCloudTools 发送人体红外状态查询指令

五、实训拓展

（1）修改程序，实现家居燃气报警器的燃气传感器检测。

（2）设置修改程序中安全信息监测事件触发时间为 50 ms。

六、注意事项

当节点仅通过 USB 线供电启动时，由于电流不足，会导致传感器数据异常，此时需要将节点通过实训基板接入 12 V 供电（电源开关要按下）。

七、实训评价

过程质量管理见表 4.6.5。

表 4.6.5　过程质量管理

<table>
<tr><th colspan="2">姓名</th><th></th><th>组名</th><th></th></tr>
<tr><th colspan="2">评分项目</th><th>分值</th><th>得分</th><th>组内管理人</th></tr>
<tr><td rowspan="4">通用部分
（40 分）</td><td>团队合作能力</td><td>10</td><td></td><td rowspan="4"></td></tr>
<tr><td>实训完成情况</td><td>10</td><td></td></tr>
<tr><td>功能实现展示</td><td>10</td><td></td></tr>
<tr><td>解决问题能力</td><td>10</td><td></td></tr>
<tr><td rowspan="4">专业能力
（60 分）</td><td>设备的连接和实训操作</td><td>10</td><td></td><td></td></tr>
<tr><td>掌握安防类传感器程序设计</td><td>20</td><td></td><td></td></tr>
<tr><td>掌握数据包解析和封包处理</td><td>10</td><td></td><td></td></tr>
<tr><td>实训现象记录和描述</td><td>20</td><td></td><td></td></tr>
<tr><td colspan="2">过程质量得分</td><td colspan="2"></td><td></td></tr>
</table>

单元 5

智云物联开发平台

实训 1　智云物联开发平台认知与应用发布

一、相关知识

智云物联开发平台（简称“智云物联平台”或“智云平台”）为开发者提供一个应用项目分享的应用网站：http://www.zhiyun360.com，通过注册，开发者可以轻松发布自己的应用项目。

用户的应用项目可以展示节点采集的实时在线数据、查询历史数据，并且以曲线的方式进行展示；对执行设备，用户可以编辑控制命令，对设备进行远程控制；同时可以在线查阅视频、图像，并且支持远程控制摄像头云台的转动，支持设置自动控制逻辑进行摄像头图片的抓拍并以曲线展示。

智云平台项目发布流程：

（1）登录智云物联应用网站：http://www.zhiyun360.com。注册用户信息，注册成功后，登录。

（2）在“项目信息”页面，输入智云 ID/KEY，要求填写与项目所在网关一致的正确授权的智云 ID/KEY（可与代理商或者公司联系购买）。

（3）在“设备管理”页面，可以添加传感器、执行器相关设备，其中输入设备地址信息一定要同无线传感网项目中地址一致。

（4）在“查看项目”页面，可以管理操作发布的物联网项目。

二、实训目标

（1）理解智云物联平台框架。

（2）掌握智云物联应用发布。

三、实训环境

实训环境包括硬件环境、操作系统、开发环境、实训器材、实训配件，见表 5.1.1。

表 5.1.1　实训环境

项　　目	具体信息
硬件环境	PC、Pentium 处理器、双核 2GHz 以上、内存 4GB 以上
操作系统	Windows 7 64 位及以上操作系统
开发环境	IAR 集成开发环境、智云物联线上平台
实训器材	nLab 未来实训平台
实训配件	SmartRF04EB 仿真器、USB 线、12 V 电源

四、实训步骤

1．项目硬件组网与配置

首先需要选择一种无线通信技术（ZigBee、BLE、Wi-Fi）对项目进行无线组网。本实训使用“ZigBee 无线传感网认知”的全部硬件镜像文件，详细操作参考“ZigBee 无线传感网认知”实训（或 BLE、Wi-Fi 无线网络认知实训）。组网拓扑图如图 5.1.1 所示。

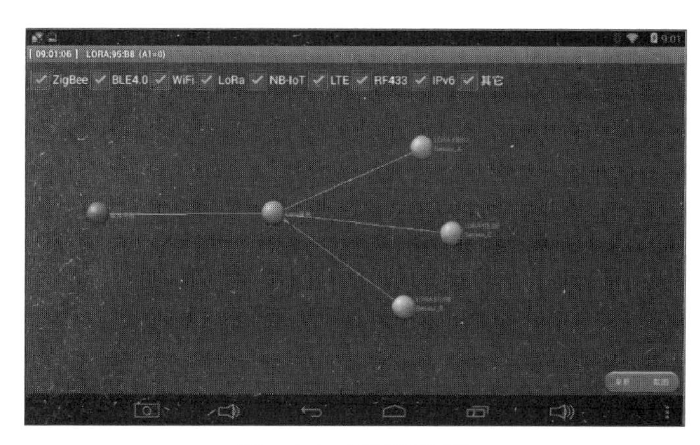

图 5.1.1　组网拓扑图

2．登录智云物联应用网站注册用户

登录智云物联应用网站：http://www.zhiyun360.com，如图 5.1.2 所示。

图 5.1.2　智云物联应用网站

新用户需要对应用项目进行注册，如图 5.1.3 所示，在网站右上角单击“注册”。

欢迎注册（如已有帐号，请点此登录）

用户名：长度3-14，字母数字下划线组成

登录密码：长度6-20，字母数字下划线特殊符号

确认密码：请从新输入登录密码

姓名：请输入姓名

邮箱：请输入邮箱

手机号码：请输入手机号码

注册

图 5.1.3　注册界面

注册成功后，登录即可进入应用项目后台，如图 5.1.4 所示，可对应用项目进行配置。

图 5.1.4　登录界面

3．配置项目信息

智云 ID/KEY 要求填写与项目所在网关一致的正确授权的智云 ID/KEY（可与代理商或者公司联系购买）。

地理位置可在地图页面标记自己的位置：输入所在城市的中文名称进行搜索，然后在地图小范围确定地点，如图 5.1.5 所示。

项目信息	上传图像
项目名称	武汉理工大学智能家居
项目副标题	实现对家居环境的远程采集，包括温湿度、光照度、空气质量等
用户主页网址	
项目介绍	本项目主要是实现一个远程观测家居环境的系统，能够检测温度、湿度、空气质量等参数。在前端的Web页面可以看到几个传感器参数的历史数值，通过曲线图的形式表现，另外也会实时推送最新的数据到Web端。 整个项目基于智云物联ZCloud云平台架构开发。 开发者：lusi
地理位置	经度：114.345916 纬度：30.519038
智云ID	
智云KEY	
数据中心地址	zhiyun360.com
允许添加的传感器总数	30
允许添加的摄像头总数	30
允许添加的执行器总数	30
	编辑项目信息

图 5.1.5　配置信息

4. 添加传感器设备

添加传感器设备要求输入设备地址信息，可通过 ZCloudTools 工具（地址：ff:ff:ff:ff:ff:ff:ff:ff，数据：{TYPE=？}）进行查询。TYPE=12601 是采集类传感器，TYPE=12602 是控制类传感器，TYPE=12603 是控制类传感器，如图 5.1.6 所示。

00:12:4B:00:15:D1:31:77	{PN=35C1,TYPE=12603}
00:12:4B:00:10:27:A5:19	{PN=35C1,TYPE=12601}
00:12:4B:00:15:CF:67:D7	{PN=35C1,TYPE=12602}

图 5.1.6　设备地址和数据

传感器后面还要输入通道信息。表 5.1.2 显示的是采集类传感器的通道说明，详细通信协议参数见本单元实训 2“智云 ZXBee 通信协议”。

表 5.1.2　采集类传感器的通道说明

属　性	参　数	属　性	参　数
温度值	A0	气压值	A4
湿度值	A1	三轴（跌倒状态）	A5
光强值	A2	距离值	A6
空气质量值	A3	语音识别返回码	A7

新添加一个温度传感器设备 00:12:4B:00:10:27:A5:19_A0，如图 5.1.7 所示。

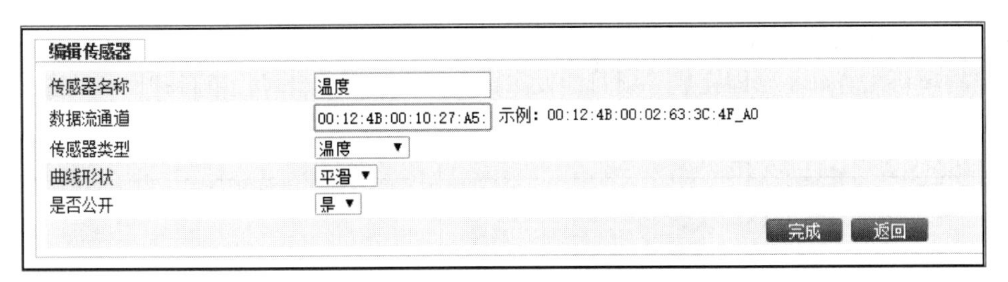

图 5.1.7　添加一个温度传感器设备

传感器添加成功后，在传感器管理列表可看到成功添加的各种传感器信息，如图 5.1.8 所示。

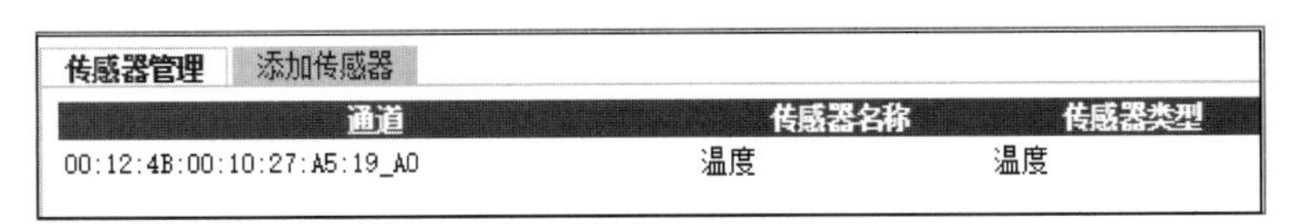

通道	传感器名称	传感器类型
00:12:4B:00:10:27:A5:19_A0	温度	温度

图 5.1.8　传感器管理列表

5．添加执行器设备

新添加一个风扇设备， 通过通过 ZCloudTools 工具查询到项目中控制类传感器的地址为 00:12:4B:00:15:CF:67:D7，风扇 / 蜂鸣器的通信协议指令见表 5.1.3。

表 5.1.3　风扇 / 蜂鸣器的通信协议指令

风扇 / 蜂鸣器	D1(OD1/CD1)	RW	D1 的 bit3 代表风扇 / 蜂鸣器的开关状态：0 表示关闭，1 表示打开

根据指令表填入 {' 开 ':'{OD1=8}',' 关 ':'{CD1=8}',' 查询 ':'{D1=?}'} 指令内容，如图 5.1.9 所示。

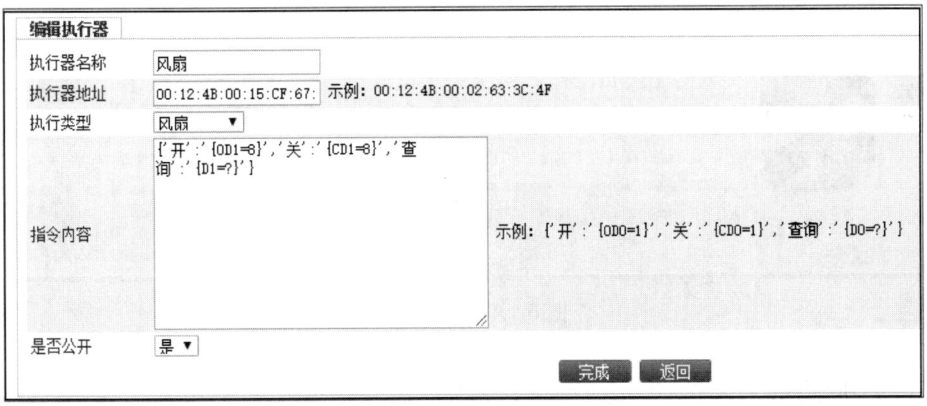

编辑执行器

执行器名称　风扇

执行器地址　00:12:4B:00:15:CF:67:　示例：00:12:4B:00:02:63:3C:4F

执行类型　风扇

指令内容　{'开':'{OD1=8}','关':'{CD1=8}','查询':'{D1=?}'}　示例：{'开':'{OD0=1}','关':'{CD0=1}','查询':'{D0=?}'}

是否公开　是

完成　返回

图 5.1.9　填入指令内容

添加成功后页面显示如图 5.1.10 所示。

执行器管理　添加执行器

执行器地址	执行器名称	执行类型	单位	指令内容
00:12:4B:00:15:CF:67:D7	风扇	风扇		{'开':'{OD1=8}','关':'{CD1=8}','查询':'{D1=?}'}

图 5.1.10　添加成功后页面

6．项目发布管理与操作

用户的项目配置好了，即完成了项目的发布，在用户项目后台可设置各种设备的公开权限。禁止公开的设备，普通用户在项目页面无法浏览，如图 5.1.11 所示。

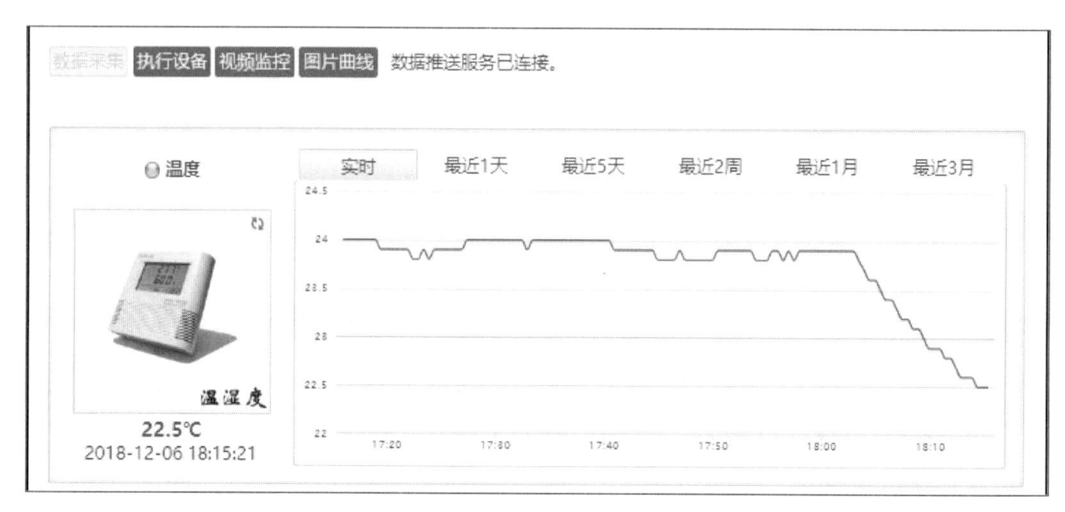

图 5.1.11　传感器设备数据图表

设备控制如图 5.1.12 所示。

图 5.1.12　设备控制

五、实训拓展

（1）添加采集类传感器板，如控制类传感器和安防类传感器。

（2）发布一个智能灯光控制系统，光线不足时自动打开 LED，通过自动控制实现。

六、注意事项

（1）智云项目在发布时，一定要首先在“项目信息”页面，输入正确的智云 ID/KEY 信息。

（2）在执行器的添加时要注意按照一定的格式（要有“{}”与“=”）英文字符输入，否则节点无法接收消息。

（3）添加设备时，设备地址一定要同项目硬件模块的地址一致，不要有多余的空格，如图 5.1.13 所示。

00:12:4B:00:15:CF:67:D7□

图 5.1.13　地址一致

七、实训评价

过程质量管理见表 5.1.4。

表 5.1.4　过程质量管理

姓名			组名	
评分项目		分值	得分	组内管理人
通用部分（40 分）	团队合作能力	10		
	实训完成情况	10		
	功能实现展示	10		
	解决问题能力	10		
专业能力（60 分）	设备的连接和实训操作	10		
	掌握智云物联线上项目发布	20		
	掌握项目发布后的管理操作	15		
	实训现象记录和描述	15		
过程质量得分				

实训 2　智云 ZXBee 通信协议

一、相关知识

1．通信协议数据格式

通信协议数据格式：{[参数]=[值],{[参数]=[值],…}

（1）每条数据以“{}”作为起始字符；

（2）“{}”内参数多个条目以“,”分隔；

（3）示例：{CD0=1,D0=?}。

> **注意：**
> 通信协议数据格式中的字符均为英文半角符号。

2．通信协议参数说明

通信协议参数说明如下：

（1）参数名称定义：

① 变量：A0~A 7、D0、D1、V0~V3；

② 命令：CD0、OD0、CD1、OD1；

③ 特殊参数：ECHO、TYPE、PN、PANID、CHANNEL。

（2）变量可以对值进行查询，示例：{A0=?}。

（3）变量 A0~A7 在物联网云数据中心可以存储保存为历史数据。

（4）命令是对位进行操作的。

3. ZXBee 通信协议参数定义

ZXBee 通信协议参数定义见表 5.2.1。

表 5.2.1　ZXBee 通信协议参数定义

传感器	属性	参数	权限	说明
Sensor-A（601）	温度值	A0	R	温度值，浮点型：0.1 精度，-40.0~105.0，单位为℃
	湿度值	A1	R	湿度值，浮点型：0.1 精度，0~100，单位为 %
	光强值	A2	R	光强值，浮点型：0.1 精度，0~65 535，单位为 lx
	空气质量值	A3	R	空气质量值，表征空气污染程度
	气压值	A4	R	气压值，浮点型：0.1 精度，单位为 hPa
	三轴（跌倒状态）	A5	-	三轴：通过计算上报跌倒状态，1 表示跌到（主动上报）
	距离值	A6	R	距离值，浮点型：0.1 精度，20~80，单位为 cm
	语音识别返回码	A7	-	语音识别码，整型：1~49（主动上报）
	上报状态	D0(OD0/CD0)	RW	D0 的 bit0~bit7 分别代表 A0~A7 的上报状态，1 表示允许上报
	继电器	D1(OD1/CD1)	RW	D1 的 bit6~bit7 分别代表继电器 K1、K2 的开关状态，0 表示断开，1 表示吸合
	上报间隔	V0	RW	循环上报时间间隔
Sensor-B（602）	RGB	D1(OD1/CD1)	RW	D1 的 bit0~bit1 代表 RGB 三色灯的颜色状态：00（关），01（R），10（G），11（B）
	步进电动机	D1(OD1/CD1)	RW	D1 的 bit2 代表电动机的正反转状态，0 正转（5 s 后停止），1 反转（5 s 后反转）
	风扇 / 蜂鸣器	D1(OD1/CD1)	RW	D1 的 bit3 代表风扇 / 蜂鸣器的开关状态，0 表示关闭，1 表示打开
	LED	D1(OD1/CD1)	RW	D1 的 bit4、bit5 代表 LED1/LED2 的开关状态，0 表示关闭，1 表示打开
	继电器	D1(OD1/CD1)	RW	D1 的 bit6、bit7 分别代表继电器 K1、K2 的开关状态，0 表示断开，1 表示吸合
	上报间隔	V0	RW	循环上报时间间隔
Sensor-C（603）	人体 / 触摸状态	A0	R	人体红外状态值，0 或 1 变化；1 表示检测到人体 / 触摸
	振动状态	A1	R	振动状态值，0 或 1 变化；1 表示检测到振动
	霍尔状态	A2	R	霍尔状态值，0 或 1 变化；1 表示检测到磁场
	火焰状态	A3	R	火焰状态值，0 或 1 变化；1 表示检测到明火
	燃气状态	A4	R	燃气泄漏状态值，0 或 1 变化；1 表示燃气泄漏
	光栅（红外对射）状态	A5	R	光栅状态值，0 或 1 变化，1 表示检测到阻挡
	上报状态	D0(OD0/CD0)	RW	D0 的 bit0~bit5 分别表示 A0~A5 的上报状态
	继电器	D1(OD1/CD1)	RW	D1 的 bit6~bit7 分别代表继电器 K1、K2 的开关状态，0 表示断开，1 表示吸合
	上报间隔	V0	RW	循环上报时间间隔
	语音合成数据	V1	W	文字的 Unicode 编码

二、实训目标

（1）熟悉 ZXBee 数据通信协议。

（2）掌握 ZXBee 数据通信协议使用与分析。

三、实训环境

实训环境包括硬件环境、操作系统、开发环境、实训器材、实训配件，见表 5.2.2。

表 5.2.2　实训环境

项　目	具体信息
硬件环境	PC、Pentium 处理器、双核 2 GHz 以上、内存 4 GB 以上
操作系统	Windows 7 64 位及以上操作系统
开发环境	IAR 集成开发环境、智云物联线上平台
实训器材	nLab 未来实训平台
实训配件	SmartRF04EB 仿真器、USB 线、12 V 电源

四、实训步骤

1．项目硬件组网与配置

首先需要选择一种无线通信技术（ZigBee、BLE、Wi-Fi）对项目进行无线组网。本实训使用“ZigBee 无线传感网认知”的全部硬件镜像文件，详细操作参考“ZigBee 无线传感网认知”实训（或 BLE、Wi-Fi 无线网络认知实训）。

2．打开协议分析工具

当 ZigBee 设备组网成功，并且正确设置智能网关将数据连接到云端，此时可以通过 ZCloudTools 工具抓取和调试应用层数据。ZCloudTools 包含 Android 和 Windows 两个版本，本实训中使用 Windows 版本，方便输入调试，如图 5.2.1 所示。

图 5.2.1　ZCloudTools 抓取和调试应用层数据

3．连接智云服务器

输入智云 ID/KEY，要求填写与项目所在网关一致的正确授权的智云 ID/KEY（可与代理商或者公司联系购买）。连接成功后在数据接收区会显示节点信息与数据信息，如图 5.2.2 所示。

数据过滤 所有数据 清空空数据
- 00:12:4B:00:15:D1:31:77
- 00:12:4B:00:10:27:A5:19
- 00:12:4B:00:15:CF:67:D7
- 00:12:4B:00:10:27:A5:5E

MAC地址	信息
00:12:4B:00:10:27:A5:5E	{PN=NULL,TYPE=10000}
00:12:4B:00:15:CF:67:D7	{PN=A55E,TYPE=12602}
00:12:4B:00:10:27:A5:19	{PN=A55E,TYPE=12601}
00:12:4B:00:15:D1:31:77	{PN=A55E,TYPE=12603}

图 5.2.2　数据接收区显示节点信息与数据信息

4．采集类通信协议分析

输入查询设备类指令（地址：ff:ff:ff:ff:ff:ff:ff:ff，数据：{TYPE=？}）进行查询，TYPE=12601 是采集类传感器，TYPE=12602 是控制类传感器，TYPE=12603 是控制类传感器，见图 5.1.6。

其中 00:12:4B:00:10:27:A5:19 是采集类传感器，在左边的节点列表中单击选中，在数据区只显示采集类数据信息，如图 5.2.3 所示。

MAC地址	信息	时间
00:12:4B:00:10:27:A5:19	{A0=23.2,A1=31.3,A2=243.3,A3=54,A4=0.0,A5=0,A6=0.0,D1=0}	12/7/2018 10:54:37
00:12:4B:00:10:27:A5:19	{PN=A55E,TYPE=12601}	12/7/2018 10:54:22
00:12:4B:00:10:27:A5:19	{A0=23.2,A1=31.3,A2=248.3,A3=57,A4=0.0,A5=0,A6=0.0,D1=0}	12/7/2018 10:54:7
00:12:4B:00:10:27:A5:19	{PN=A55E,TYPE=12601}	12/7/2018 10:54:2
00:12:4B:00:10:27:A5:19	{PN=A55E,TYPE=12601}	12/7/2018 10:53:42
00:12:4B:00:10:27:A5:19	{A0=23.1,A1=31.1,A2=248.3,A3=57,A4=0.0,A5=0,A6=0.0,D1=0}	12/7/2018 10:53:37
00:12:4B:00:10:27:A5:19	{PN=A55E,TYPE=12601}	12/7/2018 10:53:22
00:12:4B:00:10:27:A5:19	{A0=23.1,A1=31.6,A2=253.3,A3=58,A4=0.0,A5=0,A6=0.0,D1=0}	12/7/2018 10:53:7
00:12:4B:00:10:27:A5:19	{PN=A55E,TYPE=12601}	12/7/2018 10:53:4
00:12:4B:00:10:27:A5:19	{PN=A55E,TYPE=12601}	12/7/2018 10:52:44
00:12:4B:00:10:27:A5:19	{A0=23.1,A1=32.0,A2=252.5,A3=120,A4=0.0,A5=0,A6=0.0,D1=0}	12/7/2018 10:52:37

图 5.2.3　数据区只显示采集类数据信息

修改循环上报时间间隔：首先输入节点地址与查询命令 {V0=?}，查询到当前间隔时间为 30 s，如图 5.2.4 所示。

地址	00:12:4B:00:10:27:A5:19	数据	{V0=?}	发送

00:12:4B:00:10:27:A5:19	{V0=30}

图 5.2.4　查询循环上报时间间隔

设置循环上报时间间隔为 20 s{ v0=20}，查看分析数据上传间隔，如图 5.2.5 所示。

{A0=22.8,A1=28.9,A2=205.0,A3=52,A4=0.0,A5=0,A6=0.0,D1=0}	12/7/2018 11:2:47
{PN=A55E,TYPE=12601}	12/7/2018 11:2:42
{A0=22.8,A1=28.7,A2=215.8,A3=53,A4=0.0,A5=0,A6=0.0,D1=0}	12/7/2018 11:2:27
{PN=A55E,TYPE=12601}	12/7/2018 11:2:12
{A0=22.8,A1=28.8,A2=228.3,A3=55,A4=0.0,A5=0,A6=0.0,D1=0}	12/7/2018 11:2:7

图 5.2.5　修改循环上报时间间隔

5．控制类通信协议分析

输入查询设备类指令（地址：ff:ff:ff:ff:ff:ff:ff:ff，数据：{TYPE=？ }）进行查询，TYPE=12601 是采集类传感器，TYPE=12602 是控制类传感器，TYPE=12603 是控制类传感器，见图 5.1.6。

其中 00:12:4B:00:15:CF:67:D7 是采集类传感器，在左边的节点列表中单击选中，在数据区只显示采集类数据信息，如图 5.2.6 所示。

MAC地址	信息	时间
00:12:4B:00:15:CF:67:D7	{PN=A55E,TYPE=12602}	12/7/2018 11:4:28
00:12:4B:00:15:CF:67:D7	{D1=16}	12/7/2018 11:4:11
00:12:4B:00:15:CF:67:D7	{PN=A55E,TYPE=12602}	12/7/2018 11:4:3
00:12:4B:00:15:CF:67:D7	{PN=A55E,TYPE=12602}	12/7/2018 11:3:43
00:12:4B:00:15:CF:67:D7	{D1=16}	12/7/2018 11:3:41
00:12:4B:00:15:CF:67:D7	{PN=A55E,TYPE=12602}	12/7/2018 11:3:21
00:12:4B:00:15:CF:67:D7	{D1=16}	12/7/2018 11:3:11
00:12:4B:00:15:CF:67:D7	{PN=A55E,TYPE=12602}	12/7/2018 11:3:1

图 5.2.6　数据区只显示采集类数据信息

控制 LED 设备：首先输入节点地址与查询命令 {D1=?}，查询 LED1 状态。{OD1=16,D1=?} 打开 LED1，{CD1=16,D1=?} 关闭 LED1，如图 5.2.7 所示。

地址	00:12:4B:00:15:CF:67:D7	数据	{OD1=16,D1=?}	发送
地址	00:12:4B:00:15:CF:67:D7	数据	{CD1=16,D1=?}	发送

图 5.2.7　查询 LED1 状态和控制 LED1

数据区显示的控制命令信息，如图 5.2.8 所示。

00:12:4B:00:15:CF:67:D7	{D1=0}	12/7/2018 11:8:32
00:12:4B:00:15:CF:67:D7	{D1=16}	12/7/2018 11:8:25
00:12:4B:00:15:CF:67:D7	{PN=A55E,TYPE=12602}	12/7/2018 11:8:15

图 5.2.8　数据区显示的控制命令信息

五、实训拓展

参考完整 ZXBee 通信协议参数定义，测试分析全部协议指令。

六、注意事项

在输入发送协议指令时要注意按照一定的格式（要有“{}”与“=”）英文字符输入，否则节点无法接收消息。

七、实训评价

过程质量管理见表 5.2.3。

表 5.2.3　过程质量管理

姓名			组名	
评分项目		分值	得分	组内管理人
通用部分（40 分）	团队合作能力	10		
	实训完成情况	10		
	功能实现展示	10		
	解决问题能力	10		
专业能力（60 分）	设备的连接和实训操作	10		
	熟悉 ZXBee 数据通信协议	20		
	掌握 ZXBee 数据通信协议使用与分析	15		
	实训现象记录和描述	15		
过程质量得分				

实训 3　智云物联应用开发接口

一、相关知识

智云物联云平台提供五大应用接口供开发者使用，包括实时连接（WSNRTConnect）、历史数据（WSNHistory）、摄像头（WSNCamera）、自动控制（WSNAutoctrl）、用户数据（WSNProperty），逻辑图如图 5.3.1 所示。

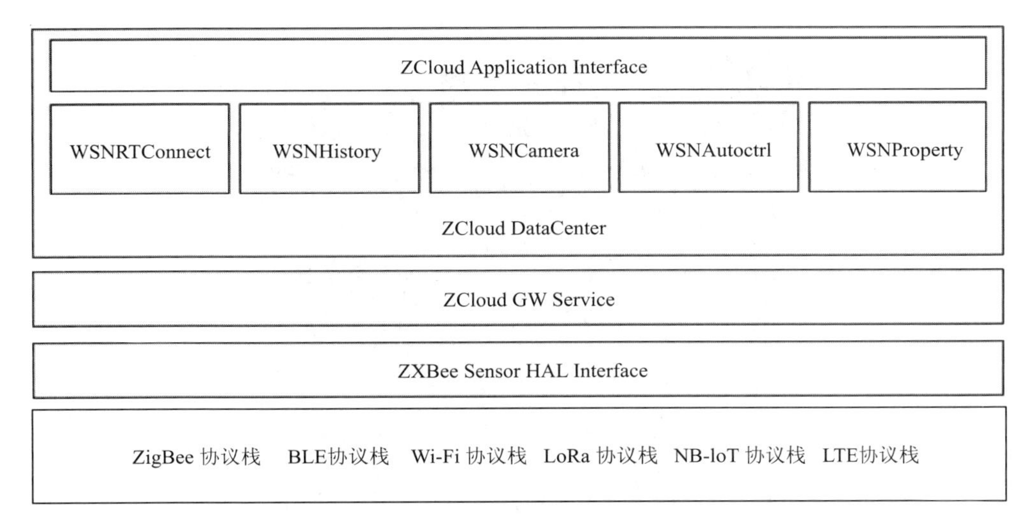

图 5.3.1 智云物联云平台逻辑图

二、实训目标

（1）了解智云物联云平台应用开发接口。

（2）掌握智云物联项目软硬件部署与测试。

三、实训环境

实训环境包括硬件环境、操作系统、开发环境、实训器材、实训配件，见表 5.3.1。

表 5.3.1 实训环境

项　目	具体信息
硬件环境	PC、Pentium 处理器、双核 2 GHz 以上、内存 4 GB 以上
操作系统	Windows 7 64 位及以上操作系统
开发环境	IAR 集成开发环境、智云物联线上平台
实训器材	nLab 未来实训平台：3 × LiteB 节点（ZigBee）、Sensor-A/B/C 传感器、智能网关
实训配件	SmartRF04EB 仿真器、USB 线、12 V 电源

四、实训步骤

1．项目硬件设备部署

仓库环境管理系统硬件环境主要是使用 nLab 实训箱中的经典型无线节点 LiteB，采集类传感器 Sensor-A、控制类传感器 Sensor-B，Android 智能网关。请参照实训箱的使用说明书进行设备间的连接操作。本项目需要使用采集类传感器 Sensor-A 节点板、控制类传感器 Sensor-B 节点板，如图 5.3.2 所示。

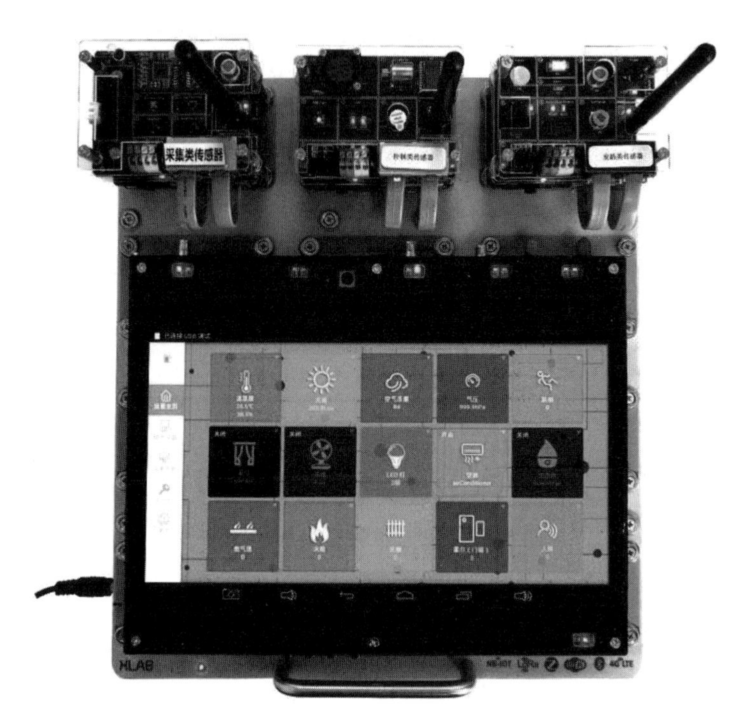

图 5.3.2　仓库环境管理系统硬件环境

2. 下载系统镜像文件

将“DISK-xLabBase\03-出厂镜像\02-无线节点\CC2530”文件夹中的 CC2530 出厂镜像文件分别烧写到对应节点。其中 sensor-a.hex 为采集类传感器节点镜像文件，sensor-b.hex 为控制类传感器节点镜像文件。

3. 网关智云服务部署

1）Android 智云服务器配置

Android 智云网关配置如下（使用本地服务）：将网关通过 3G/Wi-Fi/ 以太网任意一种方式接入互联网（若仅在局域网内使用，可不用连接到互联网）。在智云网关的 Android 系统运行程序：智云服务配置工具。

（1）在用户账号、用户密钥栏输入正确的智云 ID/KEY，也可单击“扫一扫二维码”按钮，用摄像头扫描购买的智云 ID/KEY 所提供的二维码图片，自动填写 ID/KEY。（若数据仅在局域网使用，可任意填写。）

（2）服务地址为 zhiyun360.com，若使用本地搭建的智云数据中心服务，则填写正确的本地服务地址。

（3）单击“开启远程服务”按钮，成功连接智云服务后则支持数据传输到智云数据中心；单击“开启本地服务”按钮，成功连接后智云服务将向本地进行数据推送，如图 5.3.3 所示

图 5.3.3　智云服务向本地进行数据推送

根据实际需要，对接入的节点参数进行设置。

2）Windows 智云服务器配置

WsnService 服务设置（设置时关掉网关的 WsnService 智云服务设置，否则冲突）将 ZigBee 协调器用 USB 连接计算机，打开 WsnService 软件（见图 5.3.4）连接服务器。

图 5.3.4　WsnService 软件

打开后识别串口 COM3，然后选择 ZigBee，输入账号密钥，可以输入智云账号启动远程服务，也可以采用本地服务。设置完毕，单击“启动”按钮就可以启动远程服务或者本地服务，如图 5.3.5 所示。

WSN Service v20180911-v6

串口	COM3
无线	ZigBee
账号	123
密钥	123
服务地址	127.0.0.1
远程服务	启动　已停止　分享
本地服务	停止　已链接

www.zhiyun360.com

图 5.3.5　本地服务设置

3）ZCloudTools

ZCloudTools 软件在程序运行后就会进入如图 5.3.6 所示页面。

图 5.3.6　ZCloudTools 界面

单击 MENU，选择“配置网关”选项，输入服务地址、用户账户和用户密钥（智云项目 ID/KEY，服务地址、智云 ID/KEY 要与智云服务配置工具中的配置信息完全相同），单击“确定”按钮保存，如图 5.3.7 所示。

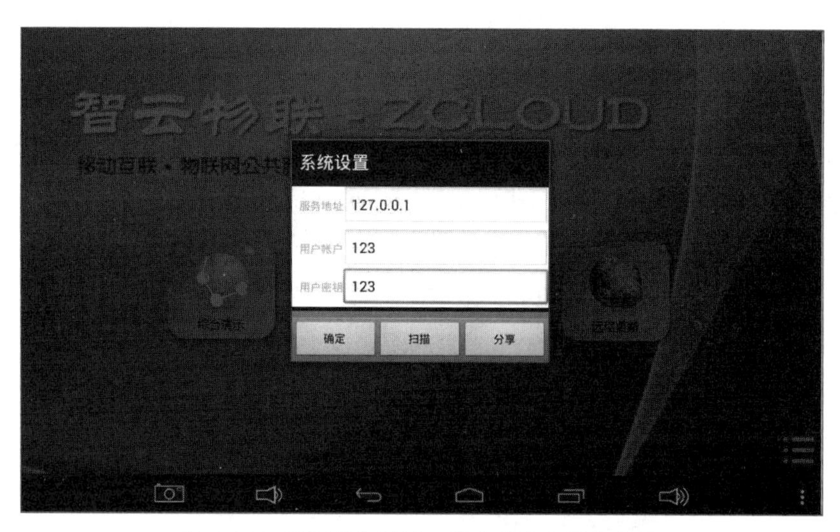

图 5.3.7　配置服务地址、用户账户和用户密钥

远程更新模块实现了通过发送命令对组网设备节点的 PANID 和 CHANNEL 进行更新。进入远程更新模块，左侧节点列表列出了组网成功的节点设备 (PID=8423 CH=11 < 节点 MAC 地址 >)，其中 PID 表示节点设备组网的 PANID，CH 表示其组网的 CHANNEL。依次选中复选框，选择所要更新的节点设备，输入 PANID 和 CHANNEL 号，单击“一键更新”按钮，执行更新，如图 5.3.8 所示。

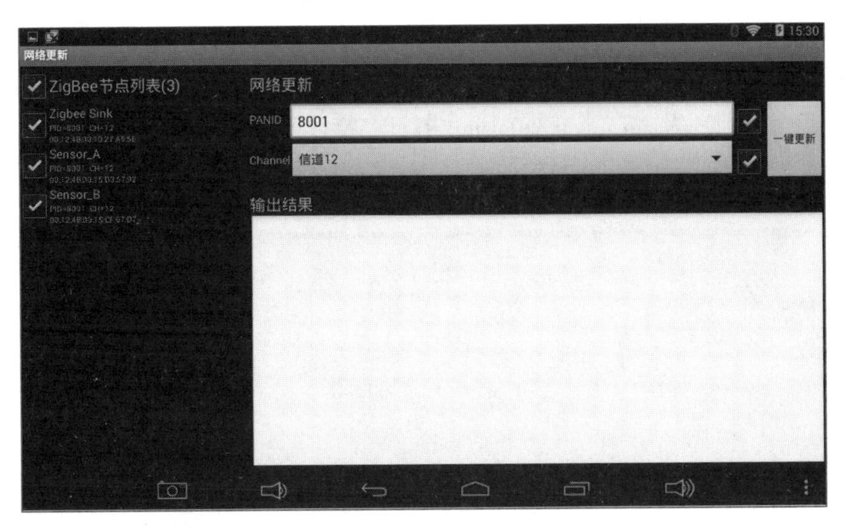

图 5.3.8　远程更新 PANID 和 CHANNEL

注意：

此处 PANID 的值为十进制，而底层代码定义的 PANID 的值为十六进制，需要自行转换。

示例如下： 8200(十进制) = 0x2008(十六进制)，通过 {PANID=8200} 命令将节点的 PANID 修改为 0x2008 。

如果传感器节点已正确安装程序，通过 ZCloudTools 工具可以查看系统网络拓扑图，如图 5.3.9 所示。

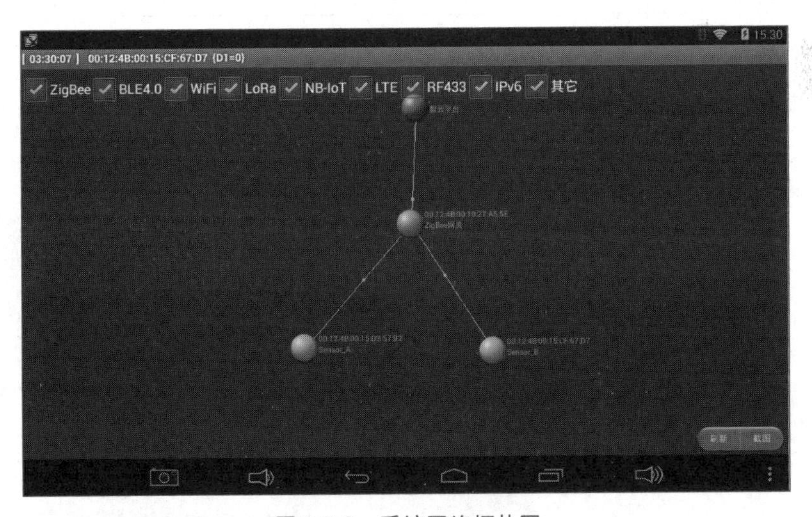

图 5.3.9　系统网络拓扑图

4）ZCloudWebTools 工具

ZCloudWebTools 具有实时数据、历史数据、网络拓扑、视频监控、用户数据等数据查看和自动控制等功能。

（1）查看实时数据。使用本地服务时，若与网关在同一计算机上测试，服务器地址用本地回环地址 127.0.0.1；若不在同一计算机上测试，服务器地址用网关计算机上无线网络 IP 地址。采用远程服务时，服务器地址为 api.zhiyun360.com。打开“链接”后，即可显示实时数据，如图 5.3.10 所示。

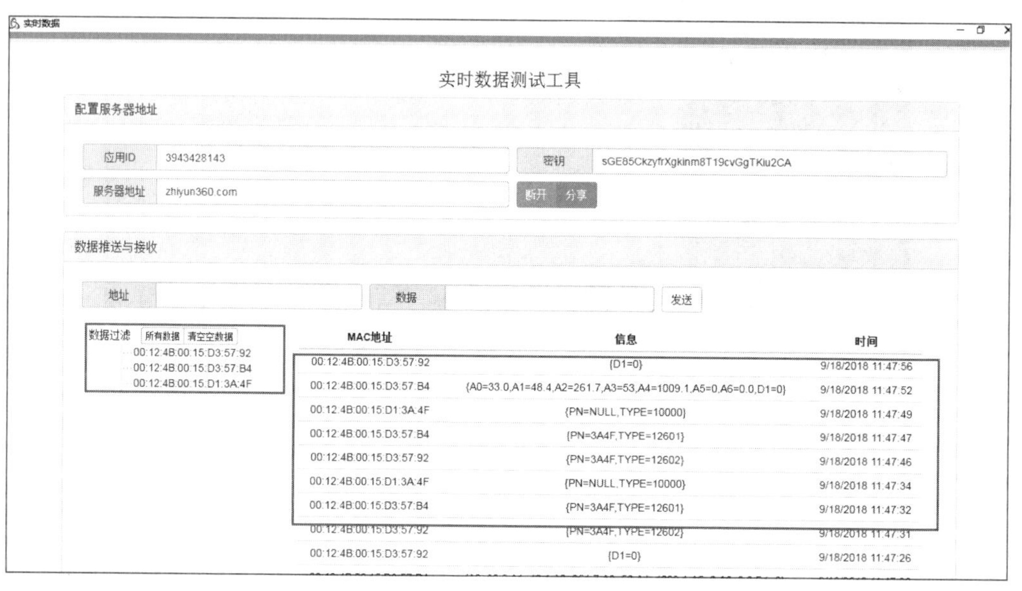

图 5.3.10　查看实时数据

（2）查看网络拓扑。查看网络拓扑的方法与查看实时数据类似，单击“链接”后可以查看当前节点的连接关系，同时也能看到终端节点的通信数据，如图 5.3.11 所示。

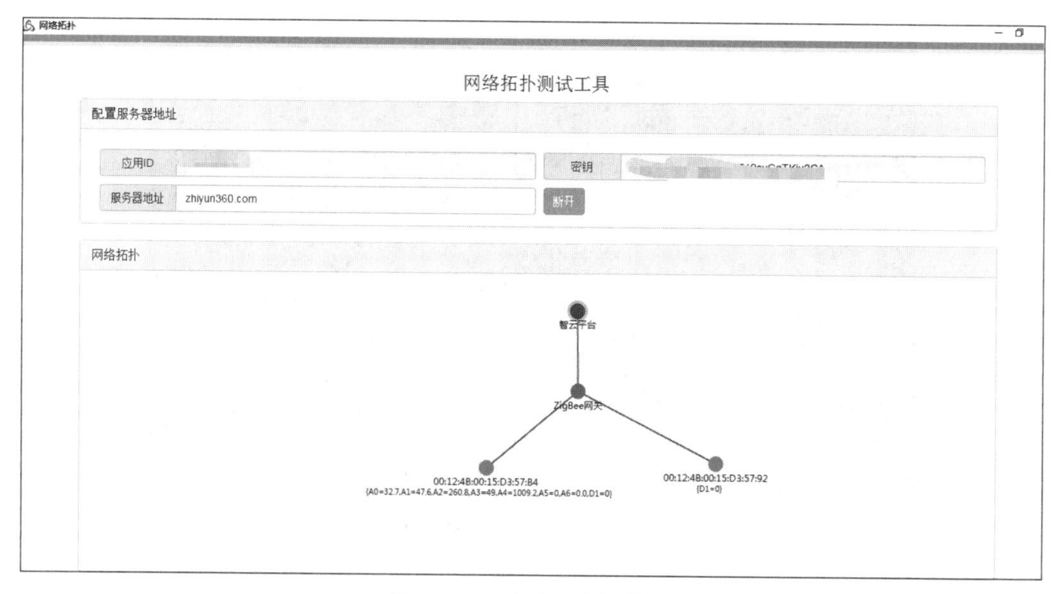

图 5.3.11　查看网络拓扑图

4．系统应用程序下载安装

1）移动端应用安装

Android 网关设备使用 USB 连接线通过 OTG 接口与计算机的 USB 接口进行连接。连接成功后，计算机中会出现如图 5.3.12 所示设备。

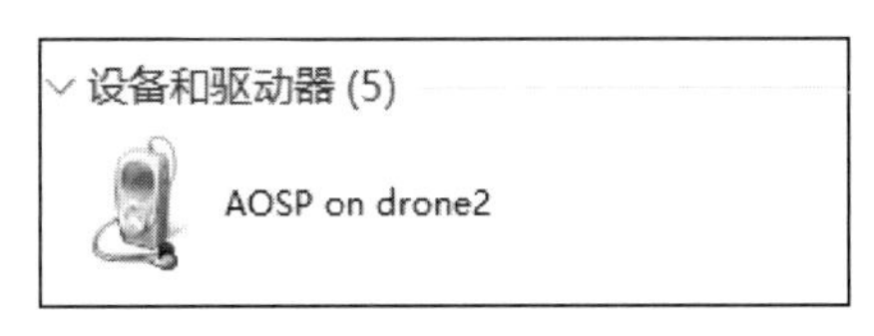

图 5.3.12　连接成功后出现的移动端设备

打开计算机识别的内存设备，复制“实训代码\22-WarehouseManagement\WarehouseManagement.apk”到 Android 网关，如图 5.3.13 所示。

Android 应用安装成功后，如图 5.3.14 所示。

图 5.3.13　WarehouseManagement.apk

图 5.3.14　Android 应用安装成功

2）Web 端应用安装

仓库环境管理系统的 Web 端应用无须安装，打开“实训代码\22-WarehouseManagement\WarehouseManagement-web”目录下的 index.html 文件，在 chrome 浏览器中运行显示。

5．系统操作与测试

1）Web 端应用测试

Web 端打开仓库环境管理系统应用后，主界面显示如图 5.3.15 所示。

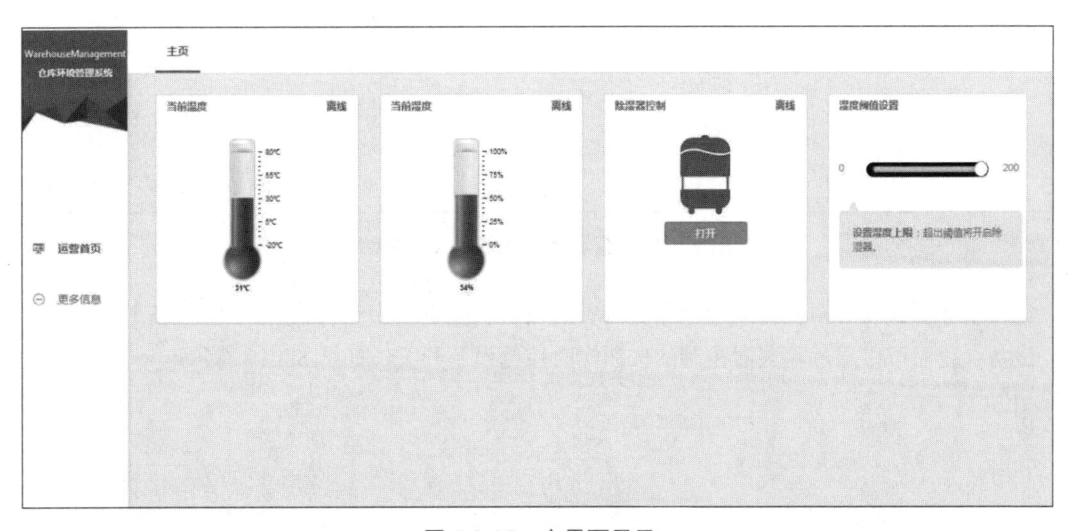

图 5.3.15　主界面显示

这时系统温湿度、除湿器设备的右上角状态显示为“离线”，需要通过“更多信息”界面设置服务器ID与IDkey连接智云服务器。这里使用本地ID与IDkey进行连接，需要与智云服务配置工具中使用配置一致，如图5.3.16所示。

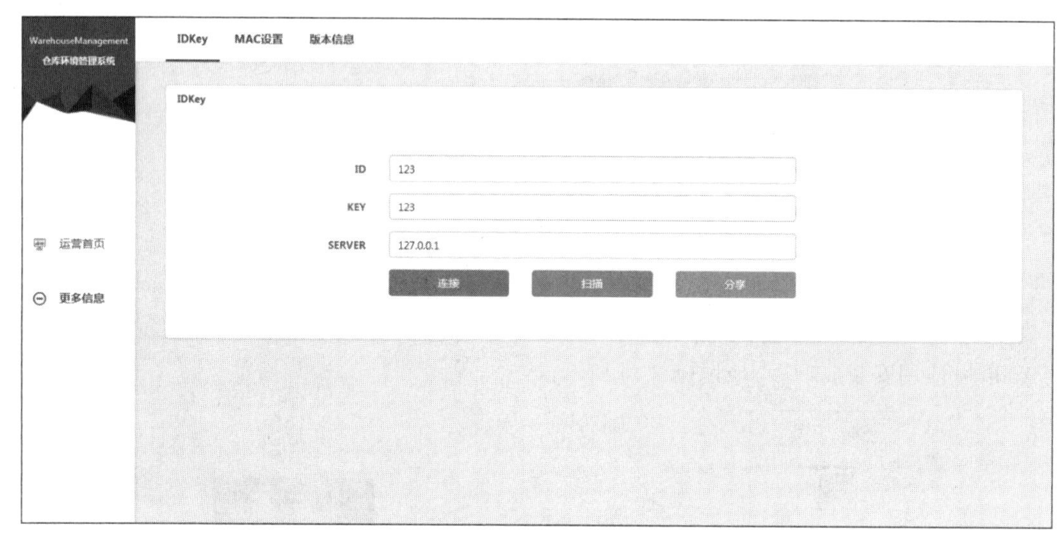

图5.3.16　配置ID与IDkey

查看传感器节点MAC设置，移动端自动更新显示，如图5.3.17所示。

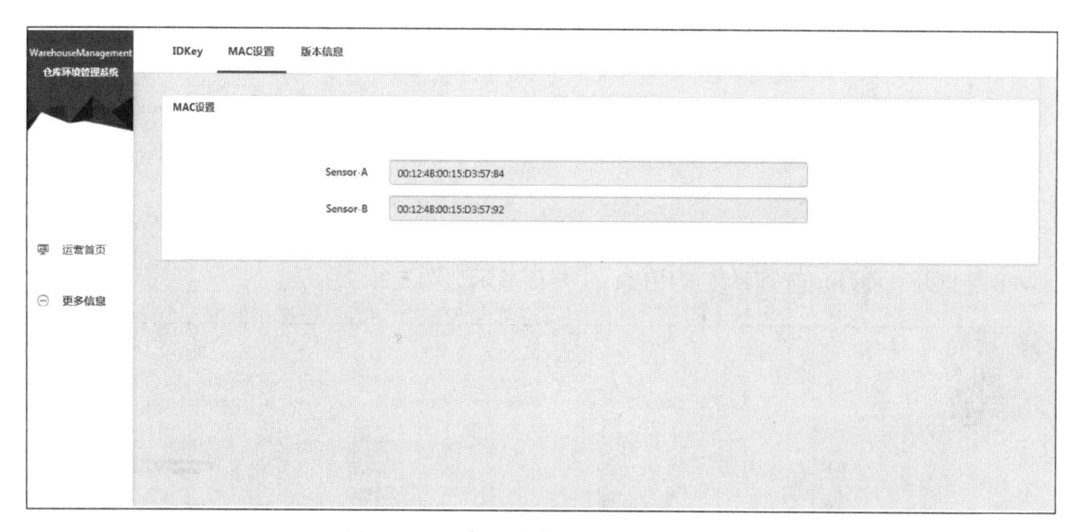

图5.3.17　查看传感器节点MAC地址

连接服务器成功后切换到系统主界面可看到设备状态更新为“在线“，如图5.3.18所示。设备在线后可以通过除湿器控制的按钮实时控制设备开关，如图5.3.19所示。

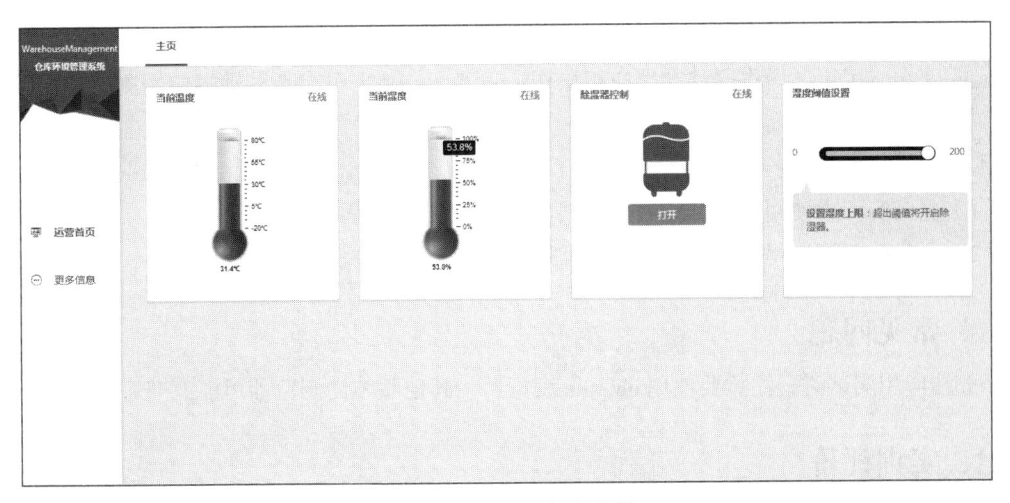

图 5.3.18　查看设备在线情况

图 5.3.19　除湿器控制界面

还可以设置湿度阈值，超出阈值就开启除湿器，如图 5.3.20 所示。

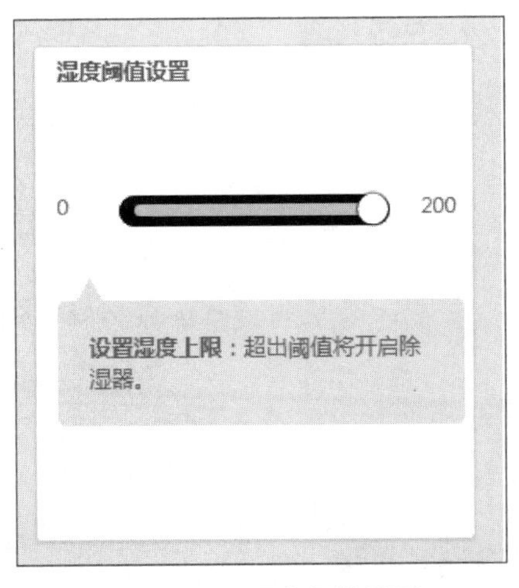

图 5.3.20　湿度阈值界面

2）Android 端应用测试

Android 端应用测试操作同移动端应用操作流程基本一致，可参考移动端应用测试进行操作。

五、实训拓展

（1）分析实训中使用的智云物联 API 接口，画出实验流程图。

（2）项目的前端应用通过智云 360 网站进行线上发布，并测试相关功能。

六、常见问题

Web 端应用测试时，注意要使用 chrome 浏览器，其他版本的浏览器可能有兼容性问题。

七、实训评价

过程质量管理见表 5.3.2。

表 5.3.2　过程质量管理

姓名			组名	
评分项目		分值	得分	组内管理人
通用部分（40 分）	团队合作能力	10		
	实训完成情况	10		
	功能实现展示	10		
	解决问题能力	10		
专业能力（60 分）	设备的连接和实训操作	10		
	完成系统的硬件部署	10		
	完成系统的智云服务部署	20		
	实训现象记录和描述	20		
过程质量得分				

附录 A

智能网关与传感器说明

1．智能网关

nLab 未来实训平台可选配 Android 网关。推荐型号为 Mini4418，采用三星 ARM Cortex-A9 S5P4418 四核处理器，10.1 英寸（1 英寸 =2.54 cm）电容触摸液晶屏，集成 Wi-Fi、蓝牙模块、500 W MIPI 高清摄像头模块，可选北斗 GPS 模块、4G 模块，Android-4.4 操作系统。网关硬件资源如图 A.1 所示。

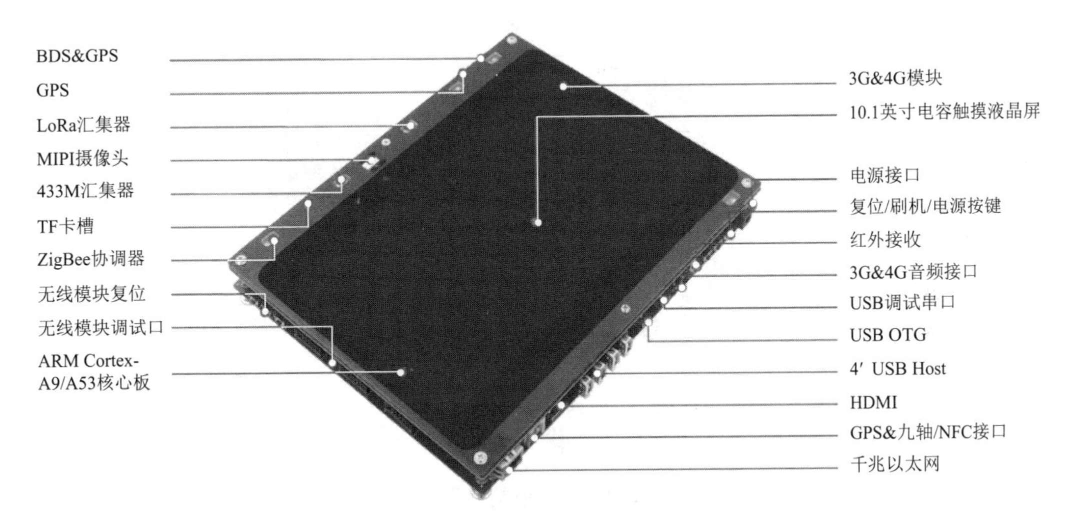

图 A.1　网关硬件资源

当计算机作网关时，需要将 ZigBee 无线汇集节点（SinkNodeBee）接入计算机作为数据的汇集接收，如图 A.2 所示。

图 A.2　ZigBee 无线汇集节点（SinkNodeBee）

2. 采集类传感器 Sensor-A

采集类传感器如图 A.3 所示，其包括：温湿度（⑤）、光强（⑥）、空气质量（⑧）、气压高度（⑦）、三轴（④）、距离（③）、继电器（②）、语音识别（⑨）、传感器端子（①）。

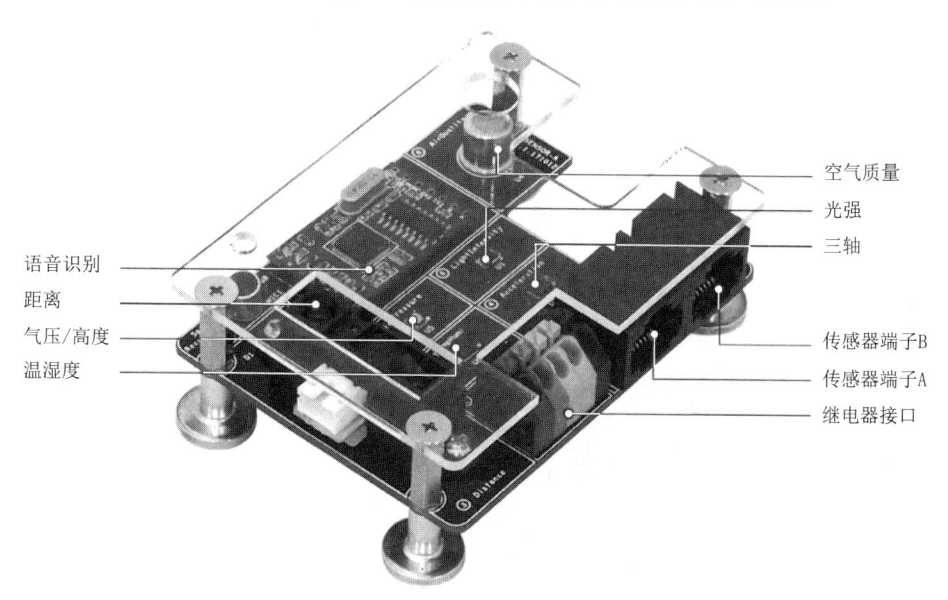

图 A.3　采集类传感器

3. 控制类传感器 Sensor-B

控制类传感器如图 A.4 所示，其包括：风扇（⑧）、步进电动机（⑦）、蜂鸣器（④）、LED（⑤）、RGB（⑥）、继电器（②）、传感器端子（①）、功能跳线（③）。

4. 安防类传感器 Sensor-C

安防类传感器如图 A.5 所示，其包括：火焰（⑦）、光栅（⑥）、燃气（④）、人体红外（⑧）、触摸（⑪）、振动（⑩）、霍尔（⑨）、继电器（②）、语音合成（⑤）、传感器端子（①）、功能跳线（③）。

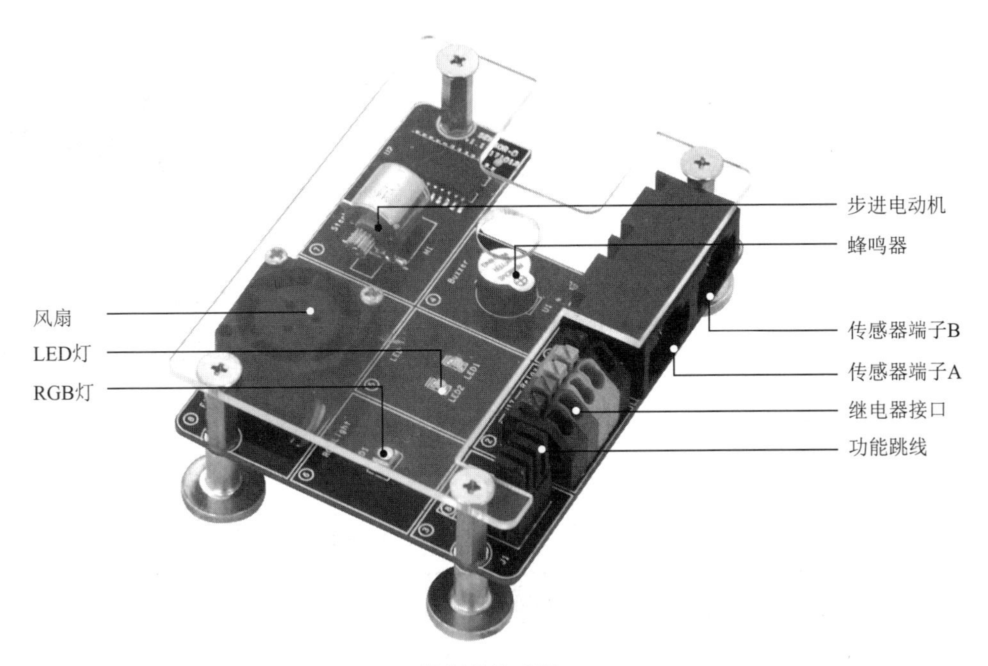

图 A.4　控制类传感器

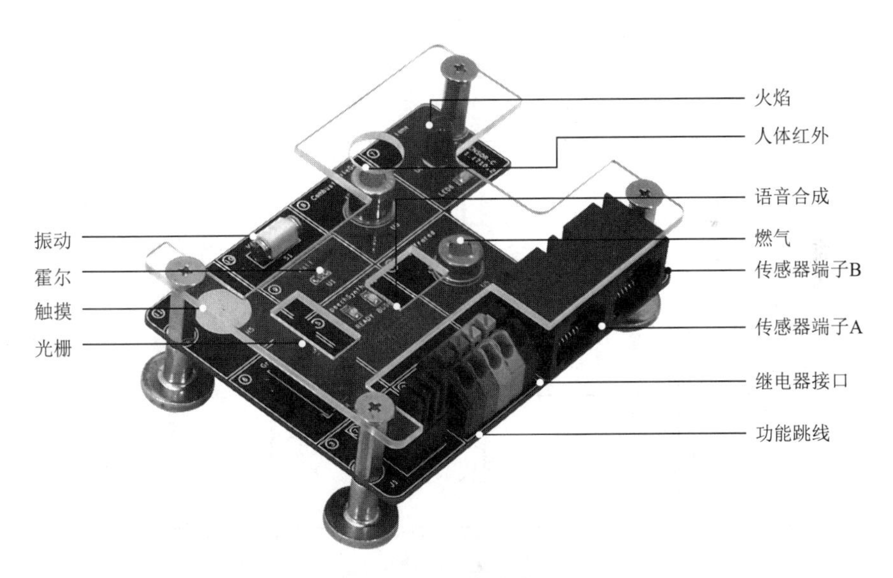

图 A.5　安防类传感器

附录 B

图形符号对照表

图形符号对照表见表 B.1。

表 B.1　图形符号对照表

序号	名称	国家标准的画法	软件中的画法
1	发光二极管		
2	电阻		
3	晶振		
4	肖特基整流二极管		
5	晶体管		
6	接地		